SHENMI
DE TAIKONG
SHIJIE CONGSHU

神秘的太空世界丛书

飞向月球

刘芳 主编

U0661702

APTIME
时代出版

时代出版传媒股份有限公司
安徽文艺出版社

图书在版编目（CIP）数据

飞向月球 / 刘芳主编. — 合肥：安徽文艺出版社，
2012.2（2024.1重印）

（时代馆书系·神秘的太空世界丛书）

ISBN 978-7-5396-4000-6

Ⅰ. ①飞… Ⅱ. ①刘… Ⅲ. ①月球探索－青年读物②
月球探索－少年读物 Ⅳ. ①V1-49

中国版本图书馆 CIP 数据核字 (2011) 第 247535 号

飞向月球

FEIXIANG YUEQIU

....

出 版 人：朱寒冬

责任编辑：宋潇婧　　　　　　　装帧设计：三棵树　文艺

....

出版发行：安徽文艺出版社　　www.awpub.com

地　　址：合肥市翡翠路 1118 号　　邮政编码：230071

营 销 部：(0551)3533889

印　　制：唐山富达印务有限公司　电话：(022)69381830

....

开本：700×1000　1/16　印张：11　字数：163 千字

版次：2012 年 2 月第 1 版

印次：2024 年 1 月第 6 次印刷

定价：48.00 元

....

前　言
PREFACE

"明月几时有，把酒问青天。""江上何人初见月，江月何年初照人。"自古以来，月亮就是文人墨客们的最爱。每在晴朗的夜晚，一轮明月升上太空的时候，总会引起人们的无限遐思，产生种种幻想，由此也产生了许许多多关于月亮的神话。从嫦娥奔月到希腊神话的月亮女神阿尔忒弥斯，在人们的想象中，月亮总是一个美丽的地方。

月球是距离地球最近的天体，与人类的生产生活密切相关，在人们对它产生无限遐想的同时，也产生了对它探索的向往。从伊巴谷测定地月距离到伽利略发明望远镜观测月球，笼罩在月球的神秘面纱被慢慢揭开了，人们似乎知道了月球并非想象中的那样美好，而是一个没有空气、没有河流，甚至没有生命的寂静世界。

不过，人类并不满足于对月球的探测、了解，更想征服月球，将其变成一个基地，或进行天文观测，或开发资源，甚至在那里生活，为此人类也进行了种种构想。尤其是进入 21 世纪，美国、俄罗斯、欧盟、日本、印度等国家及国际组织纷纷制定了自己的月球探测、开发计划，新一轮的探月热潮正在兴起。有人预计，在 21 世纪的中后期，人类的脚印将再次出现在月球表面。

人类对月球的大探索还要追溯到 20 世纪的中后期，当时人类的航天技术已经取得了很大进展，从 50 年代末开始使用火箭发射探测器对月球进行近距离探测，实现绕月飞行，发回了大量关于月球的照片，基本查清了月球的地形地貌；1969 年 7 月 20 日，人类首次登上月球，成为探索月球的里程碑事件；1972年，人类共有6批次12人在月球表面展开活动，带回了月球岩石和土壤，并精确地测量了地球与月球之间的距离，使人类对月球有了更深的了解。

在本书中，编者将向读者介绍月球及月球开发的相关知识，在将神奇的月球世界、奇特的月球地形地貌和仍然存在的谜团展示给大家的同时，更让大家对人类探测月球的历程，对人类开发月球的计划和活动有一个概括性的了解。

月球是神秘的，其未来是美好的，它正等待着我们去探索、去开发！

Contents
目 录

神奇的月球

SHENQI DE YUEQIU

月球，俗称月亮，是离地球最近的天体。在古代，由于受限于科学技术，人类对月球是陌生的，人们不知道月球的真面目，并给予了丰富的想象。实际上，月球是一个没有空气、没有生命的寂静世界。月球是环绕地球运行的一颗卫星，也是地球唯一的一颗天然卫星，其本身并不发光，只反射太阳光。月球亮度随日、月间角距离和地、月间距离的改变而变化。月球对地球有着很大的影响，比如潮汐现象就是其中之一。

但是，月球是神秘的，它的许多现象还等待人们去探索：月球究竟从何而来？月球土壤能杀菌吗？

月球真面目

月球是地球的唯一卫星，它的平均直径为 3476 千米，比地球直径的 1/4 稍大些。月球表面面积有 3800 万平方千米，略小于亚洲的面积。月球的质量约 7.35×10^{19} 吨，相当于地球质量的 1/81。像这种个头在太阳系中可以称得上大卫星了。

在太阳系中，木星有 4 颗大卫星，其中有 2 颗比月球大，另外，土星和海王星也各有 1 颗比月球大的卫星。然而，木星、土星和海王星都是巨行星，而像地球这样小的行星居然也有如此大的卫星，这就非常令人惊奇了。就地球之小和月球之大而言，地球和月球似乎共同组成了一对双行星。另一个将地球和月球看做是双行星的原因是其他行星还有质量更小的卫星，而月球只是地球唯一的卫星。

还好，1978 年发现遥远的冥王星也有一颗相对较大的卫星。冥王星比月球还要小，它的卫星卡戎就更小了，不过它的大小达到了冥王星的 1/10。在是否是双行星这点上，地球和月球的地位仅次于冥王星和卡戎。

月球以 1.02 千米/秒的速度在稍扁的轨道上绕地球公转，离地球最近时距离 363300 千米，最远时达 405500 千米，公转一周的时间是 27 日 7 小时 43 分 11.5 秒，为一个恒星月。像地球一样，月球也在自转，由于月球自转与公转同步，即月球自转 1 周的时间恰好等于公转 1 周的时间，所以月球总以同一面对着地球。有人说，这是月中嫦娥眷恋亲人，自己舍不得转向，也不肯让月亮转过脸去。

月面的重力差不多相当于地球重力的 1/6，地球上一个 60 千克重的人，到了月球就只有 10 千克重了。由于月球上的引力小，因而它不容易吸住空气和水汽。月球是个荒漠和死寂的世界，没有人，没有任何生命，没有风雨变幻，甚至听不到一点声音。白天是一片刺眼的阳光，晚上是一片漆黑，没有黎明和黄昏，太阳刚一落山，就是一片黑暗。

由于月球的自转周期长，它的昼夜也比地球上的长得多，在经过 2 个星期漫漫长夜以后，紧接着就是 2 个星期的烈日当空。由于没有大气的调节作用，因此，那里的白天酷热无比，温度高达 127 摄氏度，夜里又奇寒无比，温度降至零下 183 摄氏度，温差竟达 310 摄氏度，如果月球上真的有人，也是无法生活下去的。

如果月球真是地球的姊妹，那两姐妹可真是一个天上，另一个在地下。

月球上是一个无大气、无水、无生命、冷热剧变的寂静世界。根据月面的地形特征（山、海、陆地、溪、谷、沟、湖、湾、沼、丘陵、坑或盆地及辐射纹等）可粗略地划分为 3 类：高地（月陆）、月海撞击坑和火山地形。月球上没有水，上述水域的名称是借用地球上的术语。

月球正面

月球正面是永远朝地球的一面，其显著地貌为深色的月海，早期宇航员以为真的是海洋。当熔解的岩石从月球外壳渗出，填满陨星撞击留下的洼地处，这些注满熔岩的盆地就形成了。在月面上即使是最大的风暴洋也比地中海小。月球表面密密麻麻布满了坑洞，包括环绕它们的月海和山脉。到目前为止，所有登月宇宙飞船都是在月球的正面着陆的。

月球背面

月球背面总是背向地球。在 1959 年 10 月 4 日前苏联发射的太空探测器"月球 3"号运行到月球背后并发回第一批照片之前，月球背面的地貌始终是个谜。

月球背面的高地和海与月球正面的相比差异很大。月球背面分布着深深的撞击坑，而月海很少。月球背面的表面起伏比正面大得多，月球正面从最深的撞击坑底部到最高的中央峰顶部高度变化大约 5 千米；而在背面，表面高度变化达到 16 千米，这相当于从地球最深的海沟底部到珠穆朗玛峰的距离。

无所不在的环形山和撞击坑

在明亮的月球表面分布着一些阴影，古人把这些阴影想象成月球上的人影；伽利略认为月面上的阴暗部分可能是广大的水域。

然而，事实并非如此，那些黑灰色的大斑块是月面上广阔的平原，最早的观察者称它们为"海"，并且起了许多新奇的名字，如"静海"、"风暴洋"等，只不过月球上的"海"里根本没有水，只是一些光秃秃的盆地。"海"的面积约占月球总表面的 30%，其余星罗棋布的白色高地，便是环形山。

月球上直径超过1000米的环形山有33000多个，直径小于1000米的则不计其数。最大的环形山是贝利环形山，直径达295千米。一般直径大于160千米的环形山，用普通小天文望远镜就可看到。大型环形山都冠以著名学者的名字，我国的石申、张衡、祖冲之、郭守敬和万户名列其中。

环形山有的相当高，最高的环形山是牛顿环形山，高达8788米。为什么月球上能有那么高的山脉呢？这是由于那里没有流水、冰河、风沙及雨雪侵蚀和风化的缘故。

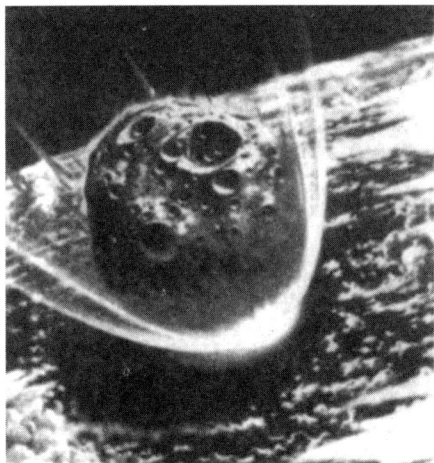

陨星与月球相撞瞬间

月球环形山是怎样形成的？为什么月球背面的环形山和正面的环形山大不一样？对于这一问题，目前比较流行的解释是月球环形山是由陨星碰撞和火山作用形成的。

绝大多数月球环形山是由陨星碰撞形成的。这一说法认为，陨星击中月球表面，产生冲击波，形成一个深坑，同时抛出圆锥形的大片巨石及其他碎片，它们随后坠落回表面；巨石回落产生了几个较小的环形山，它们环绕着第一个环形山，而较细小的碎片回落后形成地毯状覆盖物。一旦碰撞发生，陨星就被环形山吞噬，或者说被月球吸收，就好像水滴落入池塘时发生的现象一样。碰撞中心的物质会反弹，随后冻结起来。

另一些月球环形山是由火山作用形成的，这一说法认为：在月球内部熔岩和气体压力的作用下，部分月面向上凸起；气体和熔岩被喷发出来，冲出月面射向天空，如此一来，来自下面的压力就减小了，表面塌陷成环形山。这种火山型环形山不同于陨星型环形山。火山型环形山的四周没有辐射状条纹，邻近没有较小的环形山，中心也没有"山峰"。火山型环形山的存在，说明月球可能曾经具有非常活跃而灼热的内部区域。

月球自形成以来，碰撞一直就没有停止过。当太阳系在大约 46 亿年前形成时，空间中漂浮着大量的残骸，而且它们不时地轰击月球，之后撞击的势头才逐渐减弱。大约 39 亿年前一个称为晚期大轰击的时期，撞击频率再次增加。这种暴风骤雨般的轰击在比较短的时间里使月球伤痕累累，大约 38.5 亿年前晚期大轰击结束了，碰撞的频率即降至很低的水平，这种状态一直持续到今天。

人类多次月球探测结果的统计表明，月面上直径大于 1 千米的环形山总数多达 33000 个以上。而直径在 1～1000 米间的撞击坑和小环形山约有 3000 亿个，此外还有无数个难于估计的直径小于 1 米的小撞击坑。

由于月球表面没有大气，小天体可以毫无阻挡地撞向月面，在撞击的瞬间，动能转化为热能。温度急剧升高并产生爆炸，形成一个比撞击体大得多的撞击坑。同时，爆炸时物质向四面八方飞溅，散落后堆积成环形山四周的隆起物。很多环形山中间凹陷的体积大致等于四周岩壁的体积，正说明了这些环形山是由撞击形成的。而撞击坑的中央山峰或环形凸起是因特别猛烈的撞击引起地层反弹造成的。

相对月球背面，月球正面月海多，环形山少，而且大多为火山型环形山。为什么月球正面发生过如此多的火山活动，又为什么月球背面发生过如此多的陨星撞击事件？有科学家推测，也许是因为地球在一定程度上阻碍了陨星与月球正面的碰撞，所以月球背面发生的陨星撞击事件相对较多；而月球正面有较多的火山爆发则可能是由于地球对月球地表下气体和熔岩的吸引造成的。但究竟如何，科学家们还不十分清楚。月球上没有空气，因此不能传播声音，如果你想与同伴说话，只能采用专门的通信设备。若偶尔有一颗小陨石撞到月球，能掀起万丈尘

月球的表面

埃，却听不到一点声音。

月球表面因为没有水，没有任何生命，也就没有地球上的风化、氧化和水的腐蚀过程，月面一直保持着几十亿年前形成的地貌特征。

月球上的白天和黑夜的长度都相当于 14.5 个地球日，从日出到下一个日出，平均有约 29 个地球日。月球表面昼夜温差非常大，白天受阳光照射的地方，温度可高达约 130 摄氏度，比沸水还热；而夜间和阳光照射不到的阴暗处，温度会下降到约 –180 摄氏度。由于没有大气的阻隔，使得月面上日光强度比地球上强 1/3 左右。

月球直径是 3476 千米，大约等于地球直径的 3/11。像地球一样，月球也是南北极稍扁，赤道稍隆起的扁球。它的平均极半径比赤道半径短 500 米，南北极也不对称，北极区隆起，南极区凹陷约 400 米。月亮的表面面积大约是地球表面积的 1/14，比亚洲的面积还稍小一些；其体积是地球的 1/49。换句话说，地球里面可装下 49 个月球。月球上的引力只有地球 1/6，人在月面上走身体显得很轻松，稍稍一使劲就可以跳起来，航天员认为在月面上像袋鼠那样双脚跳跃着轻飘飘地会更容易前进。

▶▶▶ 知识点

月球环形山的分类

环形山的构造十分复杂，种类也多。但是按它们形成的先后顺序来划分，基本上可分为古老型与年轻型两类。古老的环形山很不规则，大多已经坍塌，而在它的上面重叠着圆形的小环形山及其中央峰。这些高高在上的环形山都是比较年轻的山。它有单个的，有重叠的，有大有小。有个日本学者 1969 年提出一个环形山分类法，分为克拉维型（古老的环形山，一般都面目全非，有的还山中有山）、哥白尼型（年轻的环形山，常有"辐射纹"，内壁一般带有同心圆状的段丘，中央一般有中央峰）、阿基米德型（环壁较低，可能从哥白尼型演变而来）、碗型和酒窝型（小型环形山，有的直径不到 1 米）。

还原月球表面

月海是海吗

我们在地球上用肉眼就能看到的月球正面上的暗黑色斑块就是月海，它实际上是宽广的平原，一滴水也没有。这是由于早期的月球观察者在无法看清月面的情况下，只能凭借丰富的想象力，根据它们的外貌特征，用地球上的名字给它们取名。

月球上有 20 多个月海，如危海、丰富海、澄海、酒海、冷海、雨海、云海、湿海、风暴洋等。它们绝大多数分布在月球向着地球的一面，只有东海、莫斯科海和智海在月球背面。最大的月海叫风暴洋，面积达 500 万平方千米，相当于我国陆地面积的 1/2。

月海的地势相当低。静海和澄海比月球平均水准面低 1700 米，湿海低 5200 米，最低的是雨海东南部，"海底"竟在月球平均水准面之下 6000 多米。

月海是几百万年前熔岩从月球内部涌出并荡涤表面，由巨大的熔岩流形成的。因为在月海表面没有由于宇宙残骸撞击而形成的环形山，所以它们肯定是在月球表面受到石雨点般袭击之后形成的。月海中广泛分布着一

月 海

种玄武质熔岩的岩石，地质学中称为玄武岩。玄武岩是由玄武岩岩浆沿着火山道喷到月球表面迅速冷却凝固而形成的。由于玄武岩岩浆中的钛、铁含量较高，冷却结晶时生成丰富的钛铁矿、橄榄石等暗色矿物，这导致它对阳光的反射率较低（只有 7% ~ 10%），所以该区域看起来就比较阴暗。

月湾、月沼与月湖

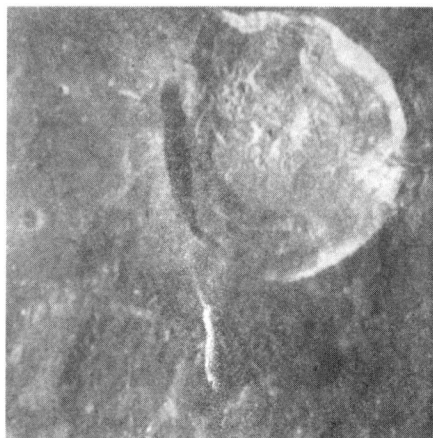

月湾清晰可见

月海伸向月陆的部分称为月湾、月沼。有一些小的月海，即月面上较小的暗黑区域则称为月湖。

月湾有暑湾、中央湾、虹湾、眉月湾等。月球正面最大的湾是露湾，位于风暴洋的最北部。它的面积比危海还要大。月球正面中央的暑湾和中央湾，属于风暴洋东部延伸进高地的部分，面积约为3万~4万平方千米。

月面上已知的月沼有3个，即雨海东部的腐沼、云海南部的疫沼和静海东部的梦沼，其面积均在2万~3万平方千米。

月球表面的月湖为数不多，面积最大的是梦湖，约7万平方千米。其他有死湖、春湖、夏湖、秋湖等。

月谷、月溪

月球表面不少地区有一些暗色的大裂缝，弯弯曲曲绵延数百千米，宽度达几千米到几十千米，很像地球上的峡谷，于是把月面较宽的峡谷称为月谷，较窄的沟谷则称为月溪。最著名的月谷是阿尔卑斯大月谷，它长达130千米，宽约12千米，连接雨海和冷海，把月面上的阿尔卑斯山脉拦腰截断，

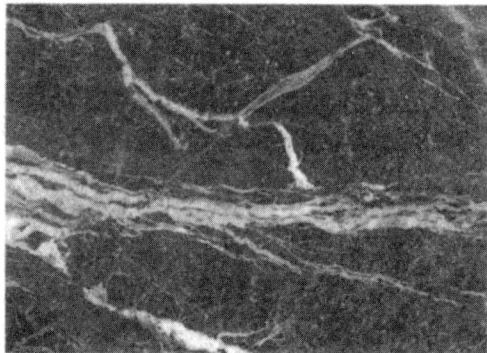

月　谷

很是壮观。月谷多出现在高地的较平坦区域，而月溪在高地和月海均有发现，在月面上是相当普遍的。其中著名的月溪就有二三十条之多。例如靠近静海的阿利亚代乌斯月溪长约250千米。

有些月谷和月溪是因火山爆发产生熔岩流的流动而形成的，有些是小天体撞击月面时形成的辐射纹的残余，个别月谷与月溪甚至是月面上许多小环形山和撞击坑成排分布形成的裂缝。

辐射纹

辐射纹是以环形山为辐射点向四面八方延伸的亮带，目前已发现有50多个较大的环形山具有辐射纹，其中以第谷环形山和哥白尼环形山辐射纹特别醒目。位于南极附近的第谷环形山直径85千米，高4850千米，它的辐射纹特别美丽，12条向外延伸的辐射纹，有如"五爪金龙"

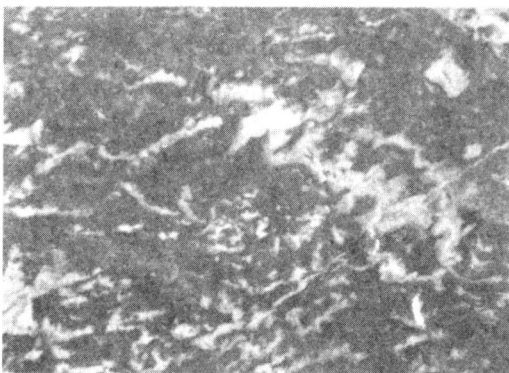
月球表面的辐射纹

匍匐的月面上，似在喘息，又似在跃起前的瞬间。其中最长的一条辐射纹长1800千米，在满月时尤为壮观，用双筒望远镜就可以看到。

位于风暴洋一侧的哥白尼环形山直径90千米，高3000多米，中心区有3座小山。它的辐射纹也十分清晰，其中最长的一条伸至1200千米之外。

科学家们认为，辐射纹是由降落到月面上的小天体猛烈撞击引起的，它与中心的环形山应同时生成。辐射纹可能是从撞击区以极低角度溅射出去的明亮物质和暗色物质的混合物。保留辐射纹的环形山应比较年轻，布鲁诺环形山形成至今大概只有几亿年，而大多数的环形山是在十几亿年甚至几十亿年前生成的，它们的辐射纹在后期的撞击事件和太阳风等的作用下会逐渐变暗，难于保留至今。月球上山峰的阴影是由于太阳照射形成的月球的背面，展现的是另一番景象。

丰富的矿产资源

月球有着极其丰富的矿产资源，目前月球上已知有 100 多种矿物，其中有 5 种是地球上没有的。

月球是一个庞大无比的金属仓库。以铁为例，根据对月球物质的化验，月面最表层的 5 厘米厚的沙土里就含有 400 亿吨铁，而整个月球表面有平均 10 米厚的沙土。这样，月面表层里的铁的总含量就将是 400 亿吨的 200 倍，而且是一种比较单纯的铁矿物，既便于开采，又易于冶炼。

在月球广泛分布的岩石中，蕴藏有丰富的钛、铁、铀、钍、稀土、镁、磷、硅、钠、钾、镍、铬、锰等矿物。仅月海玄武岩中，可开采利用的钛金属至少就有 100 万亿吨。月壤中有丰富的铝、铁、硅等，可用来直接生产建筑材料。

月球风暴洋

月球风暴洋中玄武岩上面覆盖着一层厚度达 10～20 千米的克里普岩，该岩石含有丰富的稀土元素，并富含铀、钍等放射性元素。根据专家的估算，在月球风暴洋区的克里普岩中，稀土元素高达 2250 亿～4500 亿吨。

月球高地的斜长岩，是所有月球岩石中分布最广、最为丰富的一类岩石，其中富含硅、铝、钙等资源，储量更为可观。

在月球上还发现有多种自然金属，如含钴的镍金属、铁金属和镍铁金属，而在地球上很少会存在自然状态的金属（尤其是铁），只能存在于各种形式的氧化物矿物中。科学家在月球岩石样品中发现了一层很薄的未被氧化的纯铁薄膜，他们原以为这种铁在地球条件下会立即氧化生锈。可是，经过试验发现，这种铁并没有被氧化，这是因为其纯度非常高。如此高纯度的铁，对人类非常有用，而在地球上根本冶炼不出来。

另外，俄罗斯科学院矿床地质学、岩石学、矿物学和地球化学研究所的科研人员在对月球土壤样品研究中惊异地发现，月球土壤中含有3种天然金属元素：铈、铼、锌。

据悉，科研人员研究的月球土壤样品是1976年前苏联月球自动探测器"月球24"号从月球表面取回的，总量有324克。

研究人员借助扫描电子显微镜，采用新的方法对样品进行了仔细研究。被研究的样品呈颗粒状，大小约74微米，是细碎的岩石。

研究者惊异地发现，样品含有天然金属铈，颗粒大小2.5微米左右，亮度很高。除铈金属外，研究人员还在月球土壤中找到了两种大小分别约为5微米和9微米且相对比较亮的金属铼颗粒，并发现了微米级的天然锌颗粒。后来在陨石Allende中也曾发现过。

研究人员认为，铼也是由撞击月球的陨石带进月球的。

科研人员还指出，在地球上天然锌一般会含在铂金或金砂矿中。月球表层土壤中的锌可能是在月球火山发生爆发时形成的，因为月球里面含有锌，火山爆发时锌就被岩浆带到了月球表层。

现在，科研人员肯定了这

陨　石

项发现的真实性，并否定了月球土壤样品被外来物污染的可能性。因为在过去20多年的时间里科研人员采取非常安全可靠的保管措施，样品不可能被污染。

这一发现对月球形成在太阳系之外的假设提供了有力证据。

地月距离到底多远

美国科学家将采用一种长达2390000英里（约385000千米）的新型光学"卷尺"对月球和地球之间的距离进行测量，此种方法测量的误差将在毫米之内。

据天文学家此前的测量结果，月心与地心间的距离约为238700英里（384000多千米）。早在20世纪70年代，经过科学家们的努力，月地距离的误差仅为25厘米，随着科学技术的发展，到80年代中期这一误差再次缩短到了不到2厘米。美国西雅图大学的一个研究小组希望通过其努力，能够将这一数字限定在毫米范围之内。

这次测量中，科学家们计划使用的工具包括1个天文望远镜、1束光柱和此前登月行动中留在月球之上的一些反射体。这一方法将会为人们提供一个目前为止精确的月地距离数字。

美国的一个研究小组将在新墨西哥州阿帕奇角的一个直径为3.5米的天

孤星伴月

文望远镜上安装一个可以发送10亿瓦特的激光发射器，数个"激光子弹"将通过发射器射向月球表面的一个"反射器"。这个反射器是由"阿波罗"航天飞机和前苏联无人航天飞机分别通过3次和2次登月活动在月球表面安装的，由100～300个具有反射功能的棱柱组成。科学家们通过对光柱往返月球和地球之间的时间进行测量就可以计算出准确的月地距离。

尽管此次发射的激光将有极大的能量，但是当它到达月球表面时的直径也将会有 2 千米之大。再经过反射回到地球的光柱，直径很有可能达到大约 15 千米（9.3 英里）。

目前，科学家已经确认地月距离为 38 万千米，然而 2007 年阴历正月十五元宵节的月亮看起来要比往常偏小 10% 左右，原因是什么，其实是地月距离发生变化了。天文学家介绍说，月球在正月十二到达距离地球最远的远地点，月地距离为 40.6 万千米。到元宵节当天，月球稍微靠近地球，但月地距离仍有 40 万千米左右，因此这天晚上所见的月亮会显得小了不少。另据了解，还有另一天文奇观，正月十五晚月亮从狮子星座最亮的恒星"轩辕十四"北边仅 3 度（角距离）的地方通过，肉眼可见"轩辕十四"，此种天象被称为"孤星伴月"。

月球是如何形成的

月球的起源是个十分古老的问题，但直到现在仍没人能作出正确解释。将 18 世纪以来的月球起源假说归纳起来，可以分为 3 类，即同源说、分裂说和俘获说。

同源说也叫同根兄弟说。这一理论认为，地球和月球均是在宇宙大爆炸后由同一块星云形成的，由于天体力场的作用，两者没有聚合形成一个整体，反而被扯成两块，各自形成现在的地球和月球，由于地球体积和重量远大于月球，所以后来月球在地球引力的作用下，逐渐成为地球的一颗卫星，这对"同根兄弟"遥遥相伴苍穹已达几十亿年。

分裂说可以比喻为慈母游子说。这一理论认为，地球由于受到外来行星的冲击而向太空中抛出了大量的物质，冷却后形成尘埃，这些尘埃在地球引力和太阳系其他星体引力的作用之下形成了后来的月球。这一理论也就是"大冲撞"假说。有人还曾拿月球的体积与大西洋的体积作了比较，认为两者体积相差无几，说不定，几十亿年前，月球只是地球"妈妈"腹中的一个

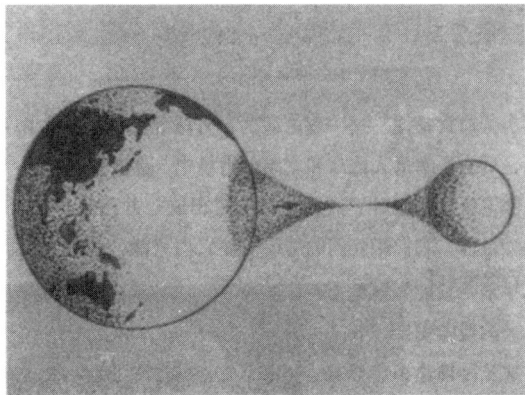

同源说示意图

"小宝宝",不料,飞来横祸,母子分离,永难再互相依偎,"母亲"只落得满腹"苦水"。

有人将俘获说形容为苦命鸳鸯说。这一理论认为,月球此前可能是太阳系或外星系的一颗行星,后来不幸落入地球和太阳的力场中,逐渐为地球所"征服",成为地球的一颗卫星。但这对"夫妻"自从"相识"并相邻而居以来,就从来没有亲密地接触过,它们相互间的排斥力使它们只能"相视",而无法"牵手",几十亿年来,只能默默地忍受上天的残酷安排。

这三种理论都难以自圆其说。同源说是最早出现的一种月球起源假说,它认为月球和地球具有相同的起源,在这种情况下,地球和月球应该拥有相同的物质构成,但是月岩显示的情况并非如此;分裂说则认为在太阳系形成初期,地球还处于熔融状态时,旋转得非常快,以致有一部分物质被甩出去后形成了月球,然而,地球的旋转从未有快到能发生这样的事情之时;继同源说和分裂说之后提出的俘获说似乎也太巧合了,理由也不充分。

20世纪80年代中期,一位美国天文学家提出了一个崭新的月球成因假说。他认为,在太阳系早期,大约在相当于目前地月系统存在的空间范围内,形成了一个原始地球和一个火星般大小的天体,它们在各自的演化中均形成了以铁为主的金属核和以硅酸盐为主的幔及壳。一个偶然的机会这两个天体撞在了一起,地球被撞出了轨道,火星大小的天体也碎裂了,飞离的气体、尘埃受地球的引力落在地球的周围,最后滚雪球般地形成了月球。这种假说得到了一些地质化学、地质物理学实验的支持,但还没有被最终确认。

几年以前,科学家们又提出了一种新理论,用来说明地球和其他星球形成以后,月球是如何形成的。他们假设有一颗约有地球1/10大小的星球经过地球附近，而又未被地球的引力所俘获，此时这颗星球就有可能斜向重撞在地球上，并在撞下地球的一块后自行离开。科学家们设计了一种计算机程序，它可以显示如果这样的星球果真撞击了地球，会有什么现象发生。结果表明将会形成像月球般大小的天体，这一天体由地球的外层物质构成，而不含有地球的内层物质，这就既解释了月球的成因，又可以解释为什么月球不具有和地球相同的成分。

发现水的踪迹

自 1976 年前苏联向月球发射了最后一颗探测器后，在很长一段时间里，人类没有再对月球进行过"专访"。但这并不表明人类放弃了月球，科学家和月球发烧友们一直对月球心驰神往。

1990 年 1 月 24 日，日本发射了名为"飞天"号的月球探测器，成为继苏、美之后第三个向月球轨道发射航天器的国家。

1994 年 1 月 21 日，美国用"大力神"号火箭从范登堡空军基地发射了由美国和美国国防部联合研制的、用以试验导弹跟踪和"星球大战"传感器技术的"克莱门汀 1"号探测器。在绕月运行过程中，该探测器详细测绘了月球表面图像，测量了月面 40 多处盆地的地貌、月球引力分布情况以及环形山壁层之间的变化，从而使科学家们进一步了解了月球构造的形成。最令人惊喜的是，在用雷达信号测量月球陨石坑深度时，"克莱门汀 1"号意外地发现了一个小的湖状冰块，它处于月球南极背阴面一个面积为塞浦路斯共和国的两倍、深 12000 米（这一深度远远超过地球最高峰——珠穆朗玛峰的高度）的巨大陨石坑——艾特肯盆地的底部。这些冰是凝固的水冰，而不是其他一些液体或气体凝固成的"冰"。

月球上发现了水的踪迹！这一消息立即引起了科学家们的极大兴趣，也引起了人们的广泛关注。为了证实月球上是否真的有水源，1998 年 1 月 6 日，"雅典娜 2"号运载火箭从卡纳维拉尔角发射场升空，把月球"勘测者"号探测器送入了飞向月球的轨道。该探测器同时还担负着测绘月球地貌，发现其中的矿藏，并研究其地质构造的任务。这是自 1972 年 12 月"阿波罗 17"号的航天员在月面上最后一次登陆以来，美国第一次向月球发射航天器对其进行全面考察。

月球"勘测者"号探测器的外观呈圆筒状，高 1.2 米，直径 1.4 米，重 295 千克。它上面携带了中子光谱仪、γ 射线光谱仪、α 粒子光谱仪等先进的探测仪器。其中中子光谱仪用来回答月球是否有水这一人们最关心，也最为重要的问题。

飞过了地月间 38 万千米的距离后，月球"勘测者"号于 1998 年 1 月 13 日进入环月轨道，开始在距月球 100 千米的上空进行考察。月球"勘测者"号果然不负众望，它用所探测到的数据为月球上水的存在提供了较为确凿的证据。这些数据表明，在月球的北极和南极阴冷的地区很可能有水冰存在。

月球"勘测者"号的发现间接地证实了"克莱门汀 1"号探测器 1994 年的探测结果。不过，月球上的冰并不是人们原来想象的那样以厚厚的极地冰盖形式存在，而是以非常低的密度和月球尘土混杂在一起，贮存在南北两极大量的陨石坑的底部，大约有 60 亿吨。

根据设计，月球"勘测者"号的燃料会在 1999 年 8 月 1 日消耗殆尽，但科学家们不想让它白白等死，而是为它设计了一个轰轰烈烈的结局——在人类可能对其失去控制的前一天令它撞向月面。

科学家们把撞月时机选在 7 月 31 日凌晨 6 时左右，因为此时正好是天空最为洁净的时刻，而且地面和地球轨道上的各观测点都相对集中在较佳的观测区内。撞击点在月球南极一座环形山的内侧，是科学家们经过仔细计算和对比后筛选出来的。该环形山的直径大约为 80 千米，大小较为适中。山口内部非常深，有大片阳光永远照射不到的阴影区，而山口顶部的突出部分又较为平缓低矮，使月球"勘测者"号能够以极高的速度和极小的角度直接撞击山口内侧的阴影区。

虽然月球"勘测者"号经过一年半的运行燃料已基本耗尽，质量只剩下 161 千克，但它撞月一瞬间的速度却超过 6100 千米/小时，所产生的撞击力相当于一辆时速 1800 千米、重 2 吨的汽车，或者一架全速飞行的大型喷气式客机所产生的撞击力，可以形成山崩地裂、岩石飞溅的壮观景象。根据科学家们的预测，如果被撞区域确有水冰的话，月球"勘测者"号撞击产生的高温将使游离于月壤和月岩中的水立即汽化，以蒸汽的形式挥发出来，并随着崩裂的月岩碎片抛射到半空中，形成一片短暂存在的极其稀薄的"云"，总质量大约为 40 千克。此时，这些已亿万年"不见天日"的水分子在毫无掩蔽的强烈阳光的直接照射下，将立即分解成氢离子和氢氧根离子。大约 4 秒后，早已将焦点对准撞击区的、位于地球轨道上的"哈勃"空间望远镜以及地面上美国得克萨斯大学麦克唐纳实验室的天文望远镜等 10 多个观测点将立即对从月面迸射出的物质进行观测。这其中，最重要的就是要捕捉到氢氧根离子形成的紫外光，此外还将拍摄能够显示水汽存在的红外线照片。如果迸射出的物质中确实存在水蒸气或是其氢氧根衍生物，那么就证明此前有关月球上存在水冰的论断是正确的。而且地面和地球轨道上的各观测点都相对集中在较佳的观测区内。撞击点在月球南极一座环形山的内侧，是科学家们经过仔细计算和对比后筛选出来的。

令人遗憾的是，当月球"勘测者"号按计划准确地一头撞进那座无名环形山的山口后，地面上的观测点却未能观测到撞击后迸射而出的任何物质。但这并不表明月球上不存在水，科学家们还将设计类似的卫星撞月计划。

➤➤➤ 知识点

月球最冷的地方

美国宇航局科学家说，月球南极终年不见阳光的月球坑可能是太阳系最冷的地方，那里比太阳系边缘的冥王星还要冷。

科学家们根据月球勘测轨道飞行器发回的数据得出这个结论。数据显示，月球南极永久阴影区温度约为零下 240 摄氏度，略低于冥王星表面温度，足以将潜在的水冰或者氢封存。

美国宇航局科学家戴维·佩奇说，月球上最寒冷的地方通常是那些更加不见天日的"坑中坑"。探测器在福斯蒂尼、休梅克、霍沃思这三个月球坑都探测到极低温度。

月球对地球的影响

月球与地球构成了天体系统的最基本的单元——地月系（天体层次：地月系—太阳系—银河系—总星系），与地球可以说得上是形影相随，关系非同寻常。它对地球的影响比较明显，主要表现在以下 2 个方面：①地球上夜晚的自然照明，大家都知道主要是靠月亮。否则的话，地球上的夜晚将是漆黑的，是无法想象的。②地球表面各处所受的月球和太阳的吸引力不同，因而地球上的水体产生了相应的明显潮汐现象（在我国古代，人们把早晨的海水涨落情况称之为潮，晚上的海水的涨落情况称之为汐，两者合称潮汐现象。海面周期性升降的潮汐现象，主要是月球、太阳对地球各处引力不同造成的）。

潮 汐

与地球对月球的产生引力一样，月球对地球也有引力，这使得地球略呈椭圆形，这种变形对坚固的陆地几乎构不成什么影响，不过使沿海岸线产生潮汐。潮汐反过来又影响地球自转的速度以及和月球之间的距离。

当地球表面进入和退出月球引力所造成的海洋膨胀区时，海洋表面每天要有两次涨潮与落潮。潮汐的实际高度取决于月球在公转轨道上的位置，也取决于当地的地形。

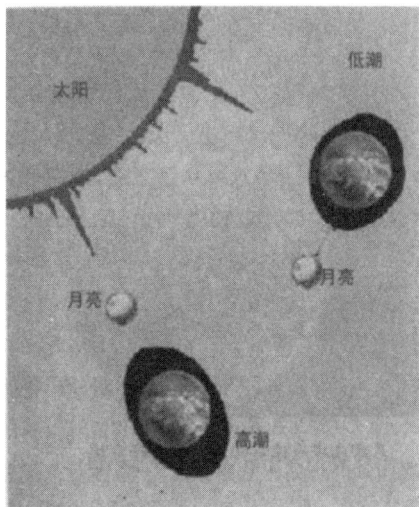

地月系引力关系图

潮汐的起因

在地球上，距离月球最近的海水对月球的引力感觉最明显；相反，地球背面的海水受到月球的引力最小。月球围绕地球公转时，两个潮汐高潮形成，并随月球在地球表面运行。地球的自转导致潮汐略早于地球，而非与地球在一条直线上。

大潮与小潮

满月和新月时，太阳、地球与月球正好处于一条直线上。太阳的引力和月球的潮汐力结合起来产生了最高的涨潮和最低的落潮，这就是大潮。当月相出现上弦月和下弦月时，太阳与月球之间形成直角。太阳的引力部分地抵消了月球的潮汐力，导致了小潮。

月球引潮力

美国宇航局的科学家谢鲁·皮尔逊博士研究指出，在太阳系最初形成时，月球即受到地球的牵引而为它的卫星，而月球在被扯到靠近地球的过程中，曾经对地球产生了极大的影响。

月球对地球具有引潮力的作用。科学家们已经研究证实，月球引力潮有如下作用：

（1）月球引潮力能使地球自转轴的倾斜角保持稳定，从而使地球的气候相对稳定。如大家所知，月球和地球作为两个不同的天体，相互之间具有引力作用，现在地球自转轴的倾斜角变化在5度以内。但是如果没有月球，地球自转轴的倾斜角会以数百万年为一周期发生0度～50度的变化，地球气候因而也会因此发生大幅度变化，最终将使地球成为生物无法生存的环境。

（2）月球引潮力还会掀动大气，形成所谓的"气潮"。"气潮"可以影响气压和天气，比如满月时的气压就

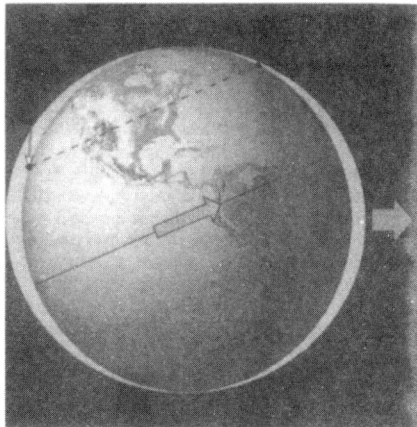

月球对地球具有引潮力的作用

往往较低。有关研究也发现，全美国最厉害的暴风雨发生在新月后1~3天或月圆后的3~5天。因此，有人主张在预报天气时应考虑月相。

（3）月圆之夜地球还会稍许变暖。这是美国亚利桑那州立大学的气候学专家罗伯特·巴林和兰德尔·塞维尼通过分析气象卫星的观测结果后发现的。在过去的15年间，气象卫星精确测定了月光照射后产生的地球表面温度的细微变化，结果发现满月时地球的平均气温上升了0.017摄氏度。

月扰人体

人与月球的关系也十分密切，精神病学家指出，人体约有80%是液体，月球引力也能像引起海洋潮汐般对人体中的液体产生作用，造成人体的"生物高潮"和"生物低潮"。满月的时候，生物潮处于高峰，月亮对人的行为影响比较强烈，这时人的头部和胸部的电势差比较大，人容易激动，情绪最不稳定，最易出事。日本救火会统计，每当月满之夜，火警要比平时多25%~30%；韦伯在《月球的影响》一书中写道："1970年9月，当海潮高涨时，美国迈阿密市的凶杀案和住精神病院人数比平时增加。"比如青年人喜欢在月夜谈情说爱，而嗜酒者和精神不太正常的人常在月夜发作。美国伊利诺伊州立大学教授毛雷斯甚至指出，人类的谋杀、毒害、抑郁和心脏病等与月亮的盈亏也有一定关系。

美国的一位医生，曾调查了1000多例在手术台上的病人，发现病人的出血与月亮的运行有关。调查资料显示，其中82%的病人在月亮1/4上弦和1/4下弦之间的时候发生出血危机，而月亮圆时出血的病人最危险。所以，许多医生最忌在月圆之夜为病人动手术。

美国医学会收集了20年间50万份婴儿的出生表，发现多数婴儿出生在亏月（下弦月）；荷兰沿海一带的产妇大多数是在潮水高涨的时候分娩。其秘密就在于月亮影响子宫的收缩。

月诱地震

地震按成因一般可分为构造地震和火山地震。对绝大多数的构造地震来说，地震的发生主要取决于那里的地壳岩层是否濒于断裂。朔（农历初一）、望（农历十五、十六日）时，日、月、地三个天体接近一条直线，这时太阳与月球的引潮力合在一起，对地球的引潮力较平时大得多。这种引力不但使海水发生潮汐现象，而且也使地壳发生类似像涨潮、落潮的变化，形成"固体潮"，可触发即将断裂的地壳，诱发地震。美国地震学者研究认为，当太阳和月球作用于地球的引力最大时，就往往容易发生地震。据统计，20世纪以来发生的7级以上大地震13次。发现地震发生时间处在望时的2次；发震时间距朔、望1天的2次；发震时间距朔、望1~2天的5次，共计达9次，占统计总数13次的69.2%。这也足以说明，朔、望及其前后2~4天，引力大，易发生地震。统计资料见下表：

朔、望月周期诱发地震统计表

	名称	震级	发震时间	距朔、望天数
1	美国旧金山地震	8.3	1906年1月18日	距望9天
2	日本关东大地震	8.2	1923年9月1日	距望5天
3	中国唐山大地震	7.8	1976年7月28日	距朔1天
4	罗马尼亚布加勒斯特地震	7.5	1977年3月4日	望
5	伊朗塔巴斯地震	7.7	1978年9月16日	距望1天
6	土耳其埃尔祖鲁姆	7.1	1983年10月13日	距朔7天
7	和卡尔斯省地震 墨西哥城地震	8.1	1985年9月19日	距朔4天
8	亚美尼亚列宁纳次坎地震	7.1	1988年12月7日	距朔3天
9	美国旧金山大地震	7.1	1989年10月17日	距望2天
10	日本北部地震	7.8	1993年7月12日	距望7天
11	中国台湾海峡地震	7.3	1994年9月16日	距望4天
12	中国云南丽江地震	7.0	1996年2月3日	望
13	伊朗东部地震	7.1	1997年5月10日	距朔3天

知识点

上弦月和下弦月

上弦月和下弦月相貌差不多，但它们出现的时间、位置及亮面的朝向是不同的。上弦月出现前半夜的西边天空，它们的"脸"是朝西的，即西半边亮；下弦月分别出现在后半夜的东边天空，它们的"脸"是朝东的，即东半边亮。由于我国农历日期是根据月相排定的，所以我国古代的劳动人民有时靠它来判断农历日期及夜间的大致时间。

月球的运行轨道

月球以椭圆轨道绕地球运转，这个轨道平面在天球上截得的大圆称"白道"。白道平面不重合于天赤道，也不平行于黄道面，而且空间位置不断变化，周期约合地球上的173天。月球轨道（白道）对地球轨道（黄道）的平均倾角为5度09分。

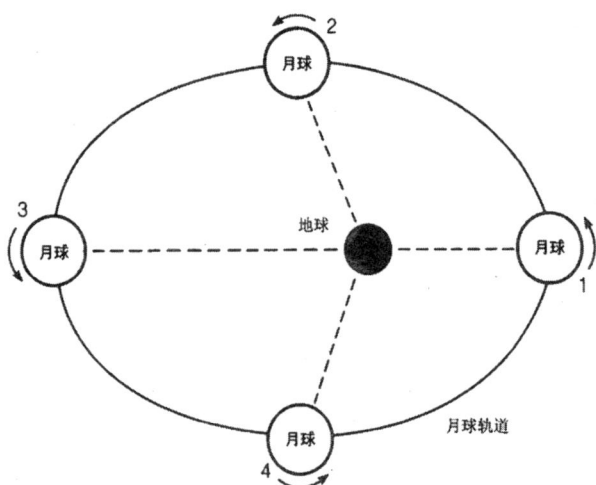

月球运动示意图

月球在绕地球公转的同时进行自转，周期为 27.32166 日，正好是 1 个恒星月，所以我们看不见月球背面。这种现象我们称"同步自转"，这种现象几乎是卫星世界的普遍规律。一般认为是行星对卫星长期潮汐作用的结果。天体平动是一个很奇妙的现象，它使得我们得以看到 59% 的月面。主要有以下原因：①在椭圆轨道的不同部分，自转速度与公转角速度不匹配；②白道与赤道的交角。月球绕地球转动的周期，朔望月 29.53059 日，恒星月 27.32166 日。

知识点

朔望月和恒星月

朔望月，又称"太阴月"。月球绕地球公转相对于太阳的平均周期。为月相盈亏的周期。以从朔到下一次朔或从望到下一次望的时间间隔为长度，平均为 29.53059 天。

月亮与某一恒星两次同时中天的时间间隔叫做"恒星月"，恒星月是月亮绕地球运动的真正周期。朔望月比恒星月长，道理与太阳日比恒星日长是一样的。恒星月与日常生活关系不大，而朔望月却因为是月亮圆缺变化的周期，与地球上涨潮落潮有关，与航海、捕鱼有密切的关系，对人们夜间的活动有较大的影响，同时在宗教上月相也占有重要位置，所以人们自然地以朔望月作为比日更长的计时单位。

令人困惑的谜团

月球岩石年龄之谜

在实施"阿波罗"计划过程中，从美国航天员带回的月球岩石标本，经分析发现月球岩石 99% 的年龄要比地球上 90% 年龄最大的岩石历史更悠久。阿姆斯特朗在静海降落后拣起的第一块岩石的年龄是 36 亿岁，其他一些岩石的年龄为 43 亿岁和 46 亿岁，几乎和地球及太阳系本身的年龄一样大，而地球上最古老的岩石是 37 亿岁。

不可思议的是，"阿波罗 11"号飞船带回的月面土壤标本据测定历史已长达 46 亿年。46 亿年前正是太阳系形成的时候。这种月球土壤显然比它周围的岩石还要"年长"。

前苏联的无人月球探测器也获得了与此相同的结论。根据对从月海带回的月球岩石的研究分析结果，月球至少与太阳一样古老，是 46 亿年前形成的。

月球表层放射性之谜

月球中厚度为 12.9 千米的表层具有放射性，经分析发现，其中含有大量放射性物质铀、铊和钚，可是这些放射性物质是从哪里来的呢？假如它们来自月心，那么它们怎么会来到月球表面？

月球上水汽团之谜

最初几次月球探险表明，月球是个干燥的天体。一位科学家曾断言，它比戈壁大沙漠要干燥 100 万倍。"阿波罗"计划的最初几次都未在月球表面发现任何水的踪迹。可是通过"阿波罗 15"号，科学家却探测到月球表面有一处面积达 259 平方千米的水汽团。科学家们争辩说，这是美国航天员废弃在月球上的两个小水箱漏水造成的。可是这么小的水箱怎能产生这样一大片水汽？看来这些水汽可能来自月球内部。

月球表面的一些玻璃状物质之谜

"阿波罗"号飞船的航天员们发现，月球表面有许多地方覆盖着一层玻璃状的物质，正如一位科学家所指出的：月亮上铺着玻璃。这表明，月球表面似乎被炽热的火球烧灼过。专家的分析证明，这层玻璃状物质并不是巨大的陨星的撞击产生的，那么它是怎样形成的呢？

月球磁场之谜

探测表明，月球几乎没有磁场，可是对月球岩石的分析却证明它有过强大的磁场。这一现象令科学家大惑不解，如果月球曾经有过磁场，那么它就应该有个铁质的核心。据可靠的证据显示，月球不可能有这样一个核心，而且月球也不可能从别的天体如地球获得磁场，因为假如真是那样的话，它就必须离地球很近，这时它会被地球引力撕得粉碎。

月球内部"质量瘤"之谜

1966年8月至1967年8月，美国为了登月积极做准备，先后发射了5个月球轨道器飞船。它们航行到月球后，成为环绕月球运行人造月球卫星，实现对月球近距离全面考察。围绕月球飞行的探测器首次显示，月球的表层下存在着物质聚集结构——"质量瘤"。当宇宙飞船飞越这些结构上空时，由于它们的巨大引力，飞船的飞行会稍稍低于规定的轨道，而当飞船离开这些结构上空时，它又会稍稍加速，这清楚地表明这种"质量瘤"结构的存在，它们有巨大的质量，而且不止一个。科学家们认为，"质量瘤"由重元素构成，隐藏在月球表面月海的下面。可是月球怎么会长"瘤子"呢？

月球尘埃之谜

美国"阿波罗"计划登陆月球的航天员发现，在月球上尘埃是普遍的，它无法避免，月尘摸起来很柔软，像雪一样，闻起来却有一股像火药的气味。

这些细小的粉状颗粒无孔不入，它们钻进物品器具里，塞住螺栓孔。弄脏了工具，沾染在防护罩外层。在月球表面活动时，月尘成为航天员们工作的一个最大的麻烦。他们必须经常停下手边的工作，用大刷子清理照相器材和设备。刚登上月球时，航天员穿的航天服都是白色的，要不了多久，月尘就能把它们变成灰色，航天员们没有办法把它拍掉。每次舱外活动结束后，月尘都会沾满航天员的靴子、手套和其他暴露在外面的部位。而且，这些细小的颗粒还可能穿透航天服缝处的封条，进入航天服内部。返回登月舱前，无论航天员们如何用刷子清洁，都会不可避免把一些尘埃带进舱内，一旦他

宇航员在月球上行走

们脱掉头盔和手套，舱内就会弥漫着月尘的气味。

"阿波罗"系列飞船的航天员们先后从月球上带回4种月球尘土，在科学家检验过程中，它们给人们制造了一个又一个谜团。科学家把月尘撒在细菌上做试验：第一种、第二种、第三种尘土撒到细菌上，细菌一点变化也没有；第四种尘土撒到细菌上之后，细菌一下子都死了。第四种尘土是美国"阿波罗12"号飞船从月球表土的下层取回来的。

用植物做试验时结果是，把玉米种在月尘里，它的生长与地球土壤里没有明显的不同。可是，水藻碰到月尘就会长得特别鲜嫩、青翠。

月尘是一种奇妙的尘埃，它的每颗尘粒都被一层厚度仅有数百纳米的玻璃镀膜包裹着，直径大概是人的头发直径的1/100。研究人员用显微镜检视了这层玻璃镀膜，发现有数百万个微小的铁斑悬浮在玻璃膜上，宛如天空中的繁星一般。

环形山被整修过吗

月球表面的环形山仿佛记载着特殊智慧的秘密。美国"阿波罗"登月计划执行讨程中，宇航员曾拍下一些月面环形山的照片。照片透露了一个惊人的信息，环形山上分明有人工改造过的痕迹。例如在戈克莱纽斯环形山的内部有一个直角很规整，每个边长为25千米，同时在地面及环壁上，可以看出明显的整修痕迹。

月球形状之谜

现在的月球自转和公转周期相同，所以它的一面总是朝向地球。科学家估计，和现在约 38 万千米的距离不同，早期的月地距离可能只有约 2.6 万千米。由于天体运行轨道半径与天体转速有关，按照这一假设，1:1 的自转公转周期比可以解释当前月球形状不规则的现象。

还有一些科学家假设，月球形成初期的自转公转周期比为 3:2，也就是公转 2 周期间自转 3 周，这种情况至多持续了几亿年，最后因为潮汐力而自转降速，自转公转比稳定为现在的 1:1。计算结果表明，这段自转比公转快的时期可能提供足够的力，为月球形成目前的形状准备工条件。

早在 18 世纪末，法国数学家皮埃尔·西蒙·拉普拉斯就注意到，形状不规则的月球自转时会发生"颤抖"，现在美国麻省理工学院地球物理学与行星科学教授玛丽亚·T·朱伯告诉《纽约时报》记者，当时并不知道为什么。

20 世纪六七十年代，太空探测器发现，处于月球与地球地心连线上的月球半径被拉长，也就是说，如果沿赤道把月球分成两半，截面不是正圆，而是像橄榄球一样的椭圆，"球尖"指向地球。但迄今无人能就月球当前形状的成因给出完全令人信服的解释。

月球形状的另一个谜团是，月球面对地球一面在物质构成及外貌方面与背对地球一面差异很大：朝向地球的月面地壳比背向地球的月面地壳薄许多，朝向地球的月面拥有由玄武岩构成的广阔平原，这平原被称为月海，这是很久以前月球表面火山喷发的结果。背对地球的一面月壳厚很多，陨石坑相对较多，几乎没有月海。

在一定程度上，月海中密度较高的玄武岩使月球的质量中心不在几何中心，偏离了约 1.6 千米。但是，迁移的发生过程尚不清楚。

月球不是规则球形，而是极直径略小于月球赤道直径的天体。仔细观臻月球形状，我们会发现它好像被人用拇指和食指捏住两极"挤"过一样。

对这一现象，有科学家认为在月球形成初期，月球自转产生的离心力可能使岩浆尚未冷却的月球赤道地区"鼓"出一块。然而，这只是关于月球形状的种种假设之一，尽管人类已经登上月球，但众多的月球之谜仍待科学家一一破解。

月球土壤能杀菌吗

把细菌撒在从月球带回来的尘土上，细菌一下子都死了，难道这些尘土有杀菌的本领吗？

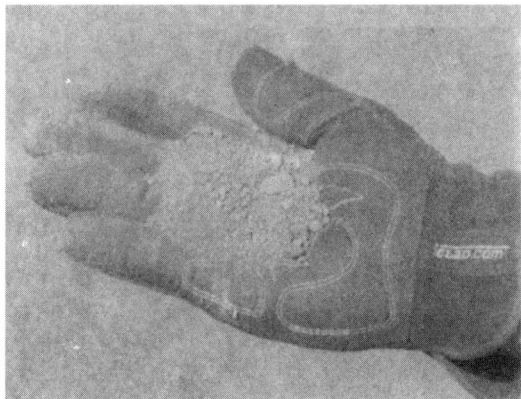

月球上的土壤

再看看用植物做实验的结果：把玉米种在月球的尘土里，和在地球土壤里生长没有明显不同。可是，水藻一旦放进月球尘土，水藻就长得特别鲜嫩青绿。

这一连串试验结果是多么令人费解啊！

月球表面存在地球信息吗

人们通过研究发现，在很多行星中存在很多人们想不到的内容，其中月球的表面上就存在地球的信息。特别是人们对月球研究发现，月球的表面高低不平的地理状态呈现了地球空间地图，这就给科学家提出一个令人费解的问题：如果说月球是人造的，那么是谁将地球的表面信息拿到月球上去的？如果说月球是自然造就的，是什么力量将地球表面的信息转移到了月球？

按宏观科学的理论，一切物质都是具体存在的，要想理解这是为什么，几乎是不可能的，没有什么力量能将地球的外表形象转移到了月球，就是说月球上的面相和地球的形象很相像，只能用"巧合"两个字给予说明。但是很多现象说的巧合多了，自然没有人相信了，特别是人们研究发现，如果将南极洲的外形和北冰洋的轮廓比较，竟有许多相似之处，甚至有人做了大胆的想象，如果将南极洲拿来补到北冰洋去，刚好把地球填平，那么是什么力量，是谁将北冰洋的物质搬到南极去了？这又是一个当代物理、天文等科学不能解释的问题。

科学家经研究发现在物体辐射的光子信息中包含物体的所有信息，其中就有物体的光子信息强度。物体的光子信息中还包含物体的形状，让另一个物体吸收这种光子信息后，就会知道物体的各种信息。时间久了，在这个吸收光子信息的物体内部就会储存原来的物体信息特征，存在发出光子信息的所有信息，也就是说会存在发出光子信息物体的宏观信息特征。根据此理论是否可以解释地球地貌与月球地貌相似之谜？月球与地球相伴数十亿年的时间，地球光子信息应该说更强，必然让月球吸收之后有所作为，改变自己的结构，改变自己的形状，就是说地球的光子信息在月球上有所体现。不过这里需要说明的是，吸收的光子信息能量多，可能不是凸出来，而是凹下去，因为吸收的光子信息的能量越多，受到光子信息支配的能力越强，并且会在月球的另一面有所体现，就是说月球的另一面体现地球的外貌更合适。

相对应的，地球的外貌也是与宇宙的其他光子信息相联系的，特别是在地球的北方，一定存在让北冰洋凹下去的信息，就是说地球吸收了这个光子信息以后，使北冰洋凹下去，同时这物质就会在南极体现出来，更多的理由是地球的外貌体现了宇宙光子信息在地球内部的传递，月球外貌也是体现了地球光子信息在月球内部的传递。所以月球的外形就会自然地体现地球的信息，这是非常正常的事。在光子是物质的基本粒子理论中，是应该存在的现象，不仅如此，地球上的所有生命都会具有地球的结构特征，因为在生命内部存在地球信息的传递过程。

弄懂这些道理之后，人们再来理解月球上存在地球信息，北冰洋的轮廓与南极的外貌很相像，就容易了。特别是在地球上的文化，应该具有轴对称性，就是说在中国具有的各种文明中，有部分文明现象或类型，应该在中国的另一面被发现，因为光子信息可能直线传递，让那里人接收以后，得到同样的文明。也就是说地球的同一类文明应该有两处，一处是从宇宙来的时候，在地球表面上产生的文明，另一处是地球光子信息离开地球时，在地球表面上产生的文明。

不仅在月球上存在地球上的光子信息，就是在地球上也同时存在其他星球上的信息，就是在地球上的任何一块石头内都存在宇宙的信息。

知识点

拉普拉斯简介

拉普拉斯，法国数学家、天文学家，法国科学院院士，是天体力学的主要奠基人、天体演化学的创立者之一，他还是分析概率论的创始人，因此可以说他是应用数学的先驱。

拉普拉斯1749年3月23日生于法国，曾任巴黎军事学院数学教授。1795年任巴黎综合工科学校教授，后又在高等师范学校任教授。1799年他还担任过法国经度局局长，并在拿破仑政府中任过6个星期的内政部长。1816年被选为法兰西学院院士，1817年任该院院长。1827年3月5日卒于巴黎。

拉普拉斯在研究天体问题的过程中，创造和发展了许多数学的方法，以他的名字命名的拉普拉斯变换、拉普拉斯定理和拉普拉斯方程，在科学技术的各个领域有着广泛的应用。

人类探月之路

RENLEI TANYUE ZHILU

　　自古以来，人类对月球就充满了无限的向往，不过直到近代，才开始了科学的探索。尤其是在20世纪50～70年代，在冷战的背景下，美国和前苏联为了争夺霸权围绕月球探测展开了空前的太空竞赛，从而拉开了探月和登月的序幕。期间，前苏联利用"闪电"号火箭等，先后发射了24颗月球探测器，曾一度领先美国。为了改变美国在太空竞赛中落后的局面，美国总统肯尼迪策划并实施了一个大胆的计划——"阿波罗"登月计划，成为人类航天史上的里程碑事件。

　　美国、前苏联的探测活动带动了月球科学的发展，并且促生了人类对探索月球的欲望，到了21世纪，月球探测活动又进入了一个高潮，欧盟、日本、印度等国家也制定了相应的探测计划，为人类征服月球奠定了基础。

伊巴谷：测定地月距离第一人

　　伊巴谷，公元前约190年出生于小亚细亚（今土耳其），约卒于公元前120年。这位古希腊天文学家发明了许多用肉眼观察天象的仪器，测定了月亮视差，是三角学的奠基人，发现了追踪太阳在天空中的运行路径；提出通过月食测定太阳—地球—月球系统的相对大小。

通过观测室女座中的角宿一，伊巴谷发现了分点的岁差（恒星经过几世纪造成的位移）。他也将太阳年的计算精确到实际长度的 7 分钟之内，并估算出太阳和月亮到地球的距离。在他去世后的几个世纪中，他的研究成果都未遇到挑战。伊巴谷一生的大部分时间都在罗得岛度过，并终老于该岛。他长期在罗得岛上进行天文观测，编制出了约含 850 颗恒星的星表。这么多星星怎么区分呢？伊巴谷按照亮度将恒星划分为 6 等，最亮的 20 颗星是 1 等星，而 6 等星指那些刚刚能为肉眼看见的恒星。这种分类方法一直被后人所借鉴。

为了更准确地观测天体，伊巴谷制作了许多仪器。由于他的大部分著作都已失传，他的成就只能从旁人的著作中得到了解。人们描绘伊巴谷发明了一种"瞄准器"，一根约 2 米长的木杆上，有沟槽可容一个挡板在其中滑动，在木杆的一端竖立一块有小孔的板，人眼从小孔中观察星体，同时滑动挡板，使它刚好遮住目标。根据挡板与小孔之间的距离及挡板的宽度，就可以算出被测物体的相对大小，或星空中两点的视距离。他还发明了一种星盘，可以测天体的方位和高度。人们还传说他制作过一个天球仪，刻在上面的恒星数目比他列在星表上的还多。

伊巴谷认为通过观测日食可以测定地月距离，但需要 2 个地点的观测数据。在土耳其附近，人们看到了日全食；而在经度接近而纬度不同的亚历山大城，只能看到日偏食，月球最大遮住了太阳的 4/5。由此，他推算出了月球的视差，他也将太阳光处理为平行照射到地球上。他的计算结果是，月球直径是地球的 1/3，月地距离是地球半径的 60.5 倍。第一个数据偏大了一点，对于第二个数据，按照现在的测量结果，月地距离是地球半径的 60.34 倍。由于埃拉托色尼已经给出了地球半径的数据，于是伊巴谷得到了月地距离的真实数据。让我们替伊巴谷算一下：$38400 \times 60.5 / (2 \times 3.14)$ 千

伊巴谷

米：37 万千米。现代的月地距离数据是 38 万千米。

伊巴谷的太阳数据误差较大，主要还是受阿里斯塔克的数据影响。伊巴谷算出的太阳直径是地球直径的 12 倍多，而实际太阳直径超出地球达 100 倍之多；他的日地距离是地球半径的 2500 倍，而实际是 2 万多倍。

伊巴谷被公认是古希腊最伟大的天文学家，不过当时天文学家对宇宙结构的看法现在看来是错误的。古希腊的天文学家想当然地认为，圆形是最完美的图形，所以天体的运动轨道必定是圆形的，而且运动速度是匀速的。按照当时普遍的说法，地球是宇宙的中心，那么地球就是所有天体圆形轨道的圆心。然而实际观察时，人们发现行星运动时快时慢，还有逆行开"倒车"的现象。为了解释这些现象，伊巴谷综合前人的成果，认为地球并不在圆心位置，而是在圆心附近，稍稍偏离了圆心。因此从地球上看过去，行星的速度会时快时慢；他还认为行星本身先沿着一个小圆轨道转动，这个小圆的圆心再围绕着地球附近的大圆圈转动，这就解释了为什么行星有时会发生逆行。

月亮与历法

在望远镜没有发明以前，人们主要通过肉眼观察月亮和它的运动规律。我们在地球上看到的月亮每天在自东向西的移动中，它的形状也在不断地变化，这种月亮位相的变化，叫做月相，故云："人有悲欢离合，月有阴晴圆缺"，这里的圆缺就是指月亮的月相变化。中国、埃及、印度和古巴比伦四大文明古国，早在公元前两三千年前就测出月相的变化的周期为 29 天多。很早以前，人们就以月亮的运动周期来作为较长的计时单位——月，也就是今天我们称的月份。我国古时将月亮也称太阴。因此根据月相圆缺变化的周期（即朔望月）制订的历法称为阴历。月亮很早就被人们引用于社会生活中了。而更长的计时单位——年，则是以太阳的视运动周期，即根据地球围绕太阳的运转周期（回归年）来定的，以此制订的历法称为阳历。无论是古中国或是其他文明古国，都测出年长约 365.25 日。我国古六历（黄帝历、颛顼历、

月相变化示意图

夏历、殷历、周历、鲁历）又称四分历，就是因为有这个1/4日的缘故。

月份长以太阴的运动为标准，年长以太阳的视运动运为标准，这种历法就是"阴阳合历"。除古埃及使用太阳历外，其他文明古国都用阴阳历。中国历史上记载的最早的成文历法是春秋末年的四分历，它是当时世界上最先进的历法。四分历确定1年的长度为365.25日，每19年设置7个闰年，这是当时世界上采用的最为精确的数值。我们现在使用的农历就是这种阴阳历。

知识点

阴　历

阴历在天文学中主要指按月亮的月相周期来安排的历法。以月球绕行地球一周（以太阳为参照物，实际月球运行超过一周）为一月，即以朔望月作为确定历月的基础，一年为十二个历月的一种历法。在农业气象学中，阴历俗称农历、殷历、古历、旧历，是指中国传统上使用的夏历。而在天文学中认为夏历实际上是一种阴阳历。

望远镜的功劳

望远镜是在1608年由荷兰的一位叫做汉斯·里佩的眼镜商人发明的。有一天，里佩的儿子在玩耍中偶然发现，将两块透镜重叠，并使其相隔一定的距离，通过镜片观察，可以看见远处教堂屋顶原来几乎看不见的小鸟。里佩受此启发，把 2 块镜片装在一个铜管的两头，制成了世界第一架望远镜。

汉斯·里佩的这项发明，引起了意大利天文学家伽利略的关注。1609 年，伽利略自己动手制作出了放大 32 倍的光学望远镜。这种望远镜由 2 个镜头组成，物镜大一些，目镜小一些。光线从物镜进入，出现物像的倒影，光线通过第二个镜头后，发生折射现象，使光线变成平行，眼睛看到放大了的物像，但是倒影。这种折射望远镜有一个缺点，即物像有些模糊。

1609 年 12 月的一天，当伽利略将望远镜对准月球这个离地球最近的天体时，令他惊异的是，他看到月球竟然是一个崎岖不平、坑坑洼洼的世界，上面有高耸的山脉、广阔的洼地，还看到了奇特的像火山口那样的环形山。在这之前，人们一直

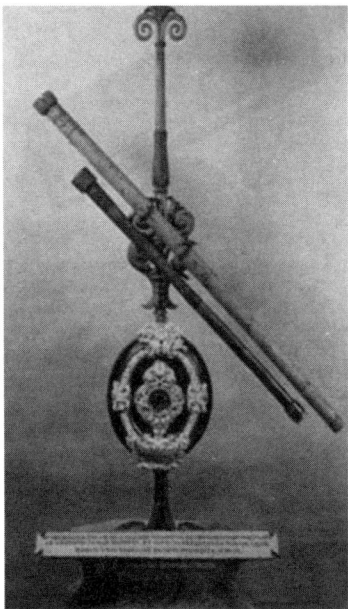

伽利略制作的望远镜

认为月亮表面是冰清玉洁般的光滑，望远镜使人类第一次看到了月亮的真实面貌。

伽利略根据自己的观测，画了一个月面图，这个图成为世界上第一幅月面图。伽利略首次给月亮上的两条大山脉起名，用自己祖国的两座大山名称——亚平宁山脉和阿尔卑斯山脉来命名月球山脉。从此以后，月面上的许多山脉与高山照例用地球上的山来命名。

1645 年比利时数学家、博物学家朗格林诺斯发表了他画的月面图，在图上标有 322 个地形物，他把暗的区域叫做

伽利略

"海"，把亮的区域叫做"大陆"，这种称谓沿用至今。

1668 年英国科学家伊萨克·牛顿（1642—1727）发明了反射望远镜，它的物镜由一个抛物面或双曲面形的凹面镜组成，光线由凹面镜反射后，经一个小平面镜反射出来，由目镜进行观测。反射望远镜克服了折射望远镜物像模糊的缺点，使对月面的观察更前进了一步。进入 18 世纪以后，随着天文望远镜的发展，人类对月面的了解则更为深入。

牛 顿

折射式望远镜的发展

1757 年，杜隆通过研究玻璃和水的折射和色散，建立了消色差透镜的理论基础，并用冕牌玻璃和火石玻璃制造了消色差透镜。从此，消色差折射望远镜完全取代了长镜身望远镜。

19 世纪末，随着制造技术的提高，制造较大口径的折射望远镜成为可能，随之就出现了一个制造大口径折射望远镜的高潮。世界上现有的 8 架 70 厘米以上的折射望远镜有 7 架是在 1885 年到 1897 年期间建成的。

折射望远镜最适合于做天体测量方面的工作，到 1897 年叶凯士望远镜建成，折射望远镜的发展达到了顶点，此后的这一百年中再也没有更大的折射望远镜出现。这主要是因为从技术上无法铸造出大块完美无缺的玻璃做透镜，并且，由于重力使大尺寸透镜的变形会非常明显，因而丧失明锐的焦点。

探测月球新时代

1957 年 10 月 4 日，前苏联成功发射了人类第一颗人造地球卫星，标志着人类从此走向了航天时代。利用火箭发射月球探测器探测月球，使月球的探测活动进入了一个新的历史时期。

从 20 世纪 50 年代至今，人类发射无人月球探测器探测月球采用了以下 5 种方式：

（1）飞越月球。探测器从地球表面发射，沿抛物线或双曲线越过月球，对月球进行近距离探测，然后飞向太阳系，成为人造行星。这种方式探测时间短，获得的信息少。

（2）击中月球。探测器从地面发射，沿椭圆、抛物线或双曲线直接击中月球，利用撞毁前的短暂时间进行探测。

（3）月球卫星。探测器从地面发射，经轨道中途修正、调姿，进入月球引力场作用范围，再经制动火箭点火和速度修正，被月球引力场捕获，形成月球卫星，进行环绕月球探测，这种方式可以进行长时间的探测。

（4）探测器在月面软着陆。

第一颗人造卫星升空

探测器从接近月球或由月球卫星经过减速机动飞行，实现在月球表面上软着陆，以进行实地探测。

（5）探测器从地球—月球—地球的探测。月球探测器在月球表面软着陆后，在月面上完成摄影、采样等任务后返回地球。

........➤➤ **知识点**

软着陆与硬着陆

软着陆指航天器在降落过程中，逐渐减低降落速度，使得航天器在接触地球或其他星球表面瞬时的垂直速度降低到很小，最后不受损坏地降落到地面或其他星体表面上，从而实现安全着陆。例如，通过推进器进行反向推进，或者改变轨道利用大气层逐步减速，或者利用降落伞降低速度。一般来说，每种航天器都是通过多种减速方式共同作用进行减速，达到软着陆的目的。

相对于软着陆，物理上的硬着陆一般是指航天器未减速（或未减速到人员或设备允许值），而以较大速度直接返回地球或击中行星和月球，这是毁坏性的着陆。

寻找探月之路

1961 年 5 月 25 日，美国总统肯尼迪在国会宣布美国要在 10 年之内实现把人送上月球并使之安全返回地球的目标。美国的这一载人登月计划被称为"阿波罗"计划，它使世界为之震惊。前苏联立即调整了原有的航天发展计划，决定首先开展载人登月的考察研制工作。

然而，月球这个一直被人们不断猜测和想象的星球，它的表面是什么样呢？上面能承受飞船的压力吗？应选择什么样的地方降落飞船呢？人能否在月面上行走呢？人上了月球是否安全呢……一大串问号摆在人们面前。解答这些问题的唯一办法，就是派探测器去探测。

前苏联发射的 47 个月球探测器共分 3 个系列："月球"号系列、"宇宙"号系列和"探测器"系列；美国发射的 36 个分为"先驱者"、"徘徊者"、月球轨道器和"勘测者"4 个系列。

月球探测器大多是通过绕月飞行进行考察，也有的在月球降落，对月球表面进行探测。由于它们的出发点地球和目的地月球都在运动，因此月球探测器必须选择合理的飞行路线，以便最近、最省时地飞向目标。

月球距离地球大约为 38 万千米，据计算，派往月球的探测器的初速度不得小于每秒 10.848 千米。月球探测器在飞行过程中常常是在地球和月球引力共同作用下运动。科学家常将月球探测器的轨道飞行分为 2 个阶段：①以地球引力为主的阶段（当月球探测器与月球的距离大于 6.6 万千米时）；②以月球引力为主的阶段（当月球探测器与月球的距离小于 6.6 万千米时）。而且在实际飞行中，月球探测器还受到太阳的引力影响。因此，月球探测器的飞行路线非常复杂。

美国前总统肯尼迪

如果月球探测器最终目的是为击中月球，那么就要选择适当的发射时间，使月球探测器的飞行轨道与月球相交；如果要击中月球表面的特定区域，那么发射初速度、发射时间和月球所在的位置及运动都需要严格选择，而且在飞行途中还要严格修正探测器的轨道参数。

如果要长时间地考察月球，月球探测器需成为绕月飞行的月球卫星。

如果月球探测器要在月球上着陆，它可以从接近月球的轨道上直接着陆于月球，也可以从月球卫星轨道上经过机动飞行在月球上着陆，但由于月球没有大气层，无论哪一种着陆方式都需要在探测器下降过程中用火箭发动机制动，以便实现软着陆。

美苏发射的月球探测器已实现的轨道路线有以下几种：

飞越月球轨道：探测器从地球表面或地球轨道附近发射，沿抛物线或双曲线越过月球的轨道，然后飞向太阳系，成为人造行星，如"先驱者 4"号，"徘徊者 3"号、"徘徊者 5"号，"月球 6"号和"探测器 3"号。

击中月球轨道：探测器从地球表面或地球轨道附近发射，沿椭圆、抛物线或双曲线直接击中月球的轨道，如"月球 2"号，"徘徊者 7"号、"徘徊者 8"号、"徘徊者 9"号。

绕月飞行轨道：探测器从地面或近地卫星轨道起飞，沿椭圆轨道绕过月球返回到地球附近的轨道，如"月球 3"号。

月球卫星轨道：探测器从地球表面或地球轨道附近发射，经轨道修正、调姿，进入月球引力场作用范围，再经制动火箭点火和速度修正，被月球引力场捕获，环绕月球运动的轨道，如"月球10"号、"月球11"号、"月球12"号、"月球19"号、"月球22"号，"月球轨道器1"号、"月球轨道器2"号、"月球轨道器3"号、"月球轨道器4"号、"月球轨道器5"号。

月球软着陆轨道：探测器从接近月球轨道上或从月球卫星轨道上经过机动飞行，利用反推火箭在下降过程中减速，实现在月面软着陆的轨道。如"月球9"号、"月球13"号以及带有月球车的"月球17"号、"月球21"号，"勘测者1"号、"勘测者3"号、"勘测者5"号、"勘测者6"号、"勘测者7"号。

月球—地球轨道：月球探测器在月面上完成摄影、采样等任务后返回地球的轨道，如："探测器5"号、"探测器6"号、"探测器7"号、"探测器8"号，"月球16"号、"月球20"号、"月球24"号。

知识点

月球卫星轨道

月球卫星轨道是环绕月球运动的航天器质心的运动轨迹。月球卫星是以地球为基地发射的，经历多次机动飞行以后才能进入月球卫星轨道。月球质量是地球质量的1/81.3，月球表面的环绕速度只有1.68千米/秒，逃逸速度为2.36千米/秒。与人造地球卫星轨道摄动相似，月球卫星受到的主要摄动力是太阳引力和地球引力。在日、地引力作用下，月球卫星轨道可能变得越来越低，最终与月球表面相撞，也可能越来越高，最终脱离月球引力场。月球卫星轨道的稳定性主要取决于地球和太阳的引力。

前苏联的探月活动

20世纪50~70年代，在冷战背景下，美国和前苏联为了争夺霸权围绕月球探测展开了空前的太空竞赛，从而拉开了近月探测的帷幕。

1959～1970 年，前苏联利用"闪电"号火箭等，先后发射了 24 颗月球探测器。此时，前苏联在月球探测方面遥遥领先于美国，并取得了许多重要成果。例如第一次实现月球硬着陆，击中月球；第一次飞越月球背面，拍摄到月球背面的照片；第一次实现探测器月面软着陆，在 4 天中，向地球发回了全景照片和辐射资料；成功地发射第一颗月球卫星，首次实现环月飞行；第一次实现环月飞行后安全重返地球；第一次实现无人驾驶飞船登月取样并返回地球；第一次实现无人驾驶月球车在月面行驶并进行科学探测等。1964 年 4 月，前苏联成功研制出一种新型的功能比较齐全的月球探测器——"探测器"号。

"闪电"号火箭

"探测器 1"号～"探测器 3"号的质量为 890 千克，"探测器 4"号～"探测器 8"号的质量则达到 5600 千克，这 8 个探测器号各有各的职责。

1965 年 7 月 20 日，"探测器 3"号在距月面 11600 千米处掠过月球，进入月球轨道。它在飞过月球期间，拍摄到 25 万张月球照片，基本上弥补了月球 3 号探测器没有拍摄到的月球表面，从而获得了月球背面完整的概貌图。它拍到的图像清晰逼真，人们通过这些图像识别了月球上不同区域的 3000 多个地形。

1969～1976 年，前苏联发射了"月球 15"号～"月球 24"号探测器。相对于早期的月球号探测器来说，这批探测器已演变为月球自动科学站。其中，1970 年 9 月 12 日发射的"月球 16"号探测器顺利到达月球后，用它自带的小勺挖取了 0.1 千克月球岩石样品并自动送回地球，使人类首次获得月球表面物质的标本

1970 在 11 月 17 日，"月球 17"号探测器携带着世界上第一个无人驾驶月球车——"月球车 1"号成功地在月面软着陆，"月球车 1"号在地面工作

前苏联"月球19"号探测器

人员的遥控下勘探了月球表面8万平方米的地域，进行了200多次土样测验，并用X射线望远镜扫描了天空，获取了大量资料。"月球车1"号在月面上行驶了10.5千米，后来"月球211"号探测器带上"月球车5"，"月球车2"号行驶了37千米。"月球车"底盘上装有电动机驱动和电磁继电器制动的轮子，靠特性吊架减少震动，能源采用的是太阳能电池和蓄电池。本来月球车可取得更大的成果，但由于地月间距离遥远，通信中存在25分89秒滞后问题，"月球车"每完成一个动作后，地面工作人员需等待它将动作结果反馈回地球后才能指示进行下一个动作，这样操作效率就低得多。

1976年8月18日，"月球24"号探测器在月球危海东南部软着陆，它携带的挖掘机从2米深处挖出了1千克岩石，8月22日回收舱带着岩石平安地降落在前苏联的西伯利亚地区，为前苏联的月球探测画上了一个圆满的句号。

随着"阿波罗"工程的进展，飞船在月面软着陆的试验摆到了重要日程上。为此，美国设计了新型月球探测器——"勘测者"号。

前苏联在月球探测中取得的重要成果表

探测器	成　　果
"月球2"（1959年）	第一个成功发射月球探测器，第一次实现月球硬着陆
"月球3"（1959年）	第一次飞越月球背面，拍摄到月球背面的照片
"月球9"（1966年）	第一次实现探测器月面软着陆
"月球10"（1966年）	第一次实现环月飞行
"探测器5"（1968年）	第一次实现环月飞行后安全重返地球
"月球16"（1970年）	第一次实现无人驾驶飞船登月取样并返回地球
"月球17"（1970年）	第一次实现无人驾驶月球车在月面行驶并进行科学探测

美国的探月活动

面对月球探测落后前苏联的局面，美国总统肯尼迪和副总统约翰逊开始策划一个能够吸引公众注意力，并一举改变美国在太空竞赛中落后局面的计划，这就是后来被命名的"阿波罗"计划。

为了争取20世纪70年代把人送上月球，60年代美国大力开展了3项载人探月工程，即"徘徊者"号、月球轨道器、"勘察者"号系列月球探测器，用宇宙神系列火箭发射，为登陆月球铺路。

"徘徊者"号

前苏联夺得一个又一个航天"第一"，美国自然不甘落后。作为反应，美国决定为载人登月"投石问路"，从1961年8月到1965年3月，美国先后向月球发射了9个"徘徊者"号探测器。

"徘徊者"号探测器是在"先驱者"号探测器的基础上改进过来的，上面装配了电视摄像机、发送和传输装置、分光计等设备。它的任务是在月面上硬着陆前拍摄照片，测量月球附近的辐射和星际等离子体等。它飞向月球时采用地—月轨道，中途校正一次轨道后再飞向月球。"徘徊者1"号～"徘徊者6"号探测器质量为300千克，"徘徊者7"号～"徘徊者9"号探测器增加了电视摄像设备，质量增加到370千克。不知是名字没取好，还是准备不充分，前几个"徘徊者"号探测器一直在地月间徘徊不前，历尽磨难。第1和第2个"徘徊者"号探测器被送入地球轨道后，由于上面级火箭不工作，探测器重新坠入大气层被烧毁。发射第3个时，虽然上面级火箭点火成功了，但推力过大，把探测器送到了远离月球37000千米的太空，使它成为了一个无人照管、无家可归的"流浪汉"。第4个开始还算顺利，但从地球轨道上起飞后不久，控制系统突然出现短路故障，失去控制的探测器像一匹脱缰的瞎马，撞到月球背后的环形山上，摔了个稀烂。紧随其后的第5个和第6个，在即将到达月球轨道时，不是火箭发动机突然熄火停止工作，就是电视摄像

美国"徘徊者7"号拍的月面照片

机莫名其妙地失灵，弄了个前功尽弃。

在遭受六连败后，1964 年 7 月 28 日发射的第 7 个"徘徊者"终于一路顺风到达月球表面，用它携带的 6 台电视摄像机发回 4306 幅电视图像，其中最后的图像是在它离月面只有 300 米远处拍摄到的，图像清楚地显示出月球上一些直径小至 1 米的月坑和几块直径不到 25 厘米的岩石。这是月球表面情形的首次电视直播。

乘胜前进的第 8 个和第 9 个"徘徊者"号探测器再立新功，分别发回 7137 张和 5814 张高分辨率的月球照片，进一步探明了在月球表面上有许多可容飞船降落的平坦之地。

"徘徊者"号的主要目的是为确定月球表面能否支撑住飞船，使之不致陷入月球尘土之中或压碎月面的薄壳，从而为载人登月做准备。"徘徊者"号系列均使用宇宙神火箭在卡纳维拉尔角发射，共发射了 9 颗"徘徊者"号探测器。其中"徘徊者 7"号、"徘徊者 8"号、"徘徊者 9"号均成功地实现了在月球表面硬着陆，并发回了 17259 幅高分辨率的照片，从中得出了月面能支撑重物的结论。

美国"徘徊者"号月球探测器

"徘徊者"号探测器工作情况表

	日期	探测器名称	运载火箭	任务类型	说明
1	1961年8月23日	"徘徊者1"		硬着陆	"阿金纳B"再次启动失败
2	1961年11月18日	"徘徊者2"	"宇宙神SLV3－阿金纳B"		星箭未能分离
3	1962年1月26日	"徘徊者3"		半软着陆	制导系统故障导致超速
4	1962年4月23日	"徘徊者4"			成功，首次击中月球
5	1962年10月18日	"徘徊者5"			卫星电力消失未能撞击
6	1964年1月30日	"徘徊者6"		硬着陆	已着陆，但未能发回照片
7	1964年7月28日	"徘徊者7"	"宇宙神SLV3－阿金纳B"		成功
8	1965年2月17日	"徘徊者8"			成功
9	1965年3月21日	"徘徊者9"			成功

"勘测者"号

"勘测者"号系列探测器的任务是在载人登月之前，在月球上实现软着陆，试验软着陆技术，证明软着陆对人有没有危险，并选择载人登月的地点。"勘测者"号探测器发射重量为1000千克，高3.3米，用于支撑探测器由3条腿组成的着陆支架的底部直径为4.5米。每个探测器上都配有一台电视摄像机，通过一面转动的镜子来观察周围环境。勘测者号系列探测器利用宇宙神——半人马座火箭在卡纳维拉尔角发射，共发射了7颗"勘测者"号探测器。

"勘测者1"号、"勘测者3"号、"勘测者5"号、"勘测者6"号、"勘测者7"号均成功实现软着陆，"勘测者1"号、"勘测者3"号、"勘测者5"号、"勘测者6"号成功地着陆于月球赤道附近的暗区，"勘测者7"号成功地着陆于月

美国"勘测者"号月球探测器

球表面的环形山。"勘测者"系列的 5 次成功着陆，共发回了 86000 多张 70 毫米的高清晰照片，它们所获取的数据资料为"阿波罗"登月地点的选择提供了依据。

"勘测者 3"号和"7"号上还配有月面取样器（可伸缩的掘土铲），由电视摄像机监视其掘土情况，以判断月面的硬度。"勘测者 5"号、"勘测者 6"号和"勘测者 7"号上还带有 α 放射源，利用 α 粒子散射来对月球作化学分析。

美国"勘测者"号月球探测器情况表

	日期	探测器名称	任务类型	运载火箭	说明
1	1966 年 5 月 30 日	"勘测者 1"			美国首次成功软着陆
2	1966 年 9 月 20 日	"勘测者 2"			着陆失败
3	1967 年 4 月 17 日	"勘测者 3"			第二次软着陆
4	1967 年 7 月 14 日	"勘测者 4"	软着陆	"宇宙神—半人马座"	着陆失败
5	1967 年 9 月 8 日	"勘测者 5"			成功
6	1967 年 11 月 7 日	"勘测者 6"			成功
7	1968 年 1 月 7 日	"勘测者 7"			成功

美国月球轨道器

为尽快完成"阿波罗"号飞船登月前的准备工作，美国采取兵分两路的办法，在"勘测者"号实地考察的同时，另一种月球轨道环行器则在绕月轨道上拍摄月球表面的详细地形照片，绘制细微部分的月面图，为"阿波罗"号船选择最安全的着陆点。月球轨道器由仪器舱、推进舱和防护舱组成，外形像一个去掉头部的锥体，底部直径为 1.5 米、高 1.65 米，它的 4 个太阳能翼展开时长度为 3.72 米。可为探测器的铁镍镉蓄电池充电并提供 375 瓦的电力。美国共发射了 5 颗月球轨道器，全部获得成功。

"月球轨道环行器 1"号、"月球轨道环行器 2"号、"月球轨道环行器 3"号的任务是在围绕月球"赤道"的低轨道飞行。其中"月球轨道环行器 2"号的轨道最低时达到距离月面 394 米的高度，它用广角照相机拍摄到了许多清晰可见的月面照片，这些照片有许多至今还被完好无损地保存着。3 个环行器共对 40 多个预选着陆区进行了拍摄，获得了 1000 多张高清晰度的月面照片，美国据此选出约 10 个候选登月点。

由于前 3 个"月球轨道环行器"高质量地完成了任务，已研制成的"月球轨道环行器 4"号、"月球轨道环行器 5"号只好"另谋高就"，改为执行别的任务。它们在绕月球极轨道上飞行，拍摄更大面积的月

美国月球轨道环行器

球表面照片，并监视近月空间的微流星体和电离辐射。5 个轨道环行器在 1 年时间里，对月面上 99% 的地区进行了探测，拍摄了大量高分辨率的照片，获得了月球表面的放射性和矿物含量等大量资料以及有关月球引力场等数据。最后，5 个"月球轨道环行器"撞在月面上"以身殉国"。

有了"徘徊者"号、"勘测者"号和月球轨道环行器获得的这些月球情报以及 1965～1966 年 10 次"双子星座"号载人飞船飞行获得的经验，美国载人登月行动已是箭在弦上，顷刻即发。

美国月球轨道器探月情况表

	日期	探测器名称	任务类型	运载火箭	说明
1	1966 年 8 月 10 日	"月球轨道器 1"			
2	1966 年 11 月 6 日	"月球轨道器 2"		"宇宙神 SLV3 – 阿金纳 D"	成功
3	1967 年 2 月 5 日	"月球轨道器 3"	环月探测		
4	1967 年 5 月 4 日	"月球轨道器 4"			
5	1967 年 8 月 1 日	"月球轨道器 5"			

"阿波罗"登月计划

在人类对宇宙不懈探索的历史上，20世纪六七十年代由美国实施的"阿波罗"登月计划无疑是其中壮丽的一笔。这次登月活动从1961年5月25日美国总统肯尼迪正式宣布实施开始，一直持续到1972年12月底"阿波罗"计划结束，历时11年，总投资250亿美元，共实施了7次登月飞行，除"阿波罗13"号飞船出现故障而失败外，其余6次都成功地实现了登月飞行，共有12名航天员实现了登月，他们在月面总共停留302小时20分钟，在月面活动共80小时32分钟，航天员在月面上累计活动行程逾90千米，共收集和带回月球土壤和岩石样品381千克。1969年7月16

"阿波罗11"号机组成员

（从左至右分别是阿姆斯特朗、科林斯和奥尔德林）

日，"阿波罗11"号宇宙飞船，搭载3名航天员首次实现了登月活动。飞船指令长阿姆斯特朗自登月舱扶梯走下来，踏上月球表面时，虽然只是一小步，却代表了人类在太空探险的领域上向前迈了一大步！

前苏联的载人登月计划其实不比美国晚，可是其运载火箭不可靠，接连发生了几次灾难性的失败。美国率先登上了月球后，结局已定，前苏联最终放弃了登月，转而研发空间站技术。

运载"阿波罗"飞船的火箭

航天活动一向是运载先行，在登月方案酝酿前，从1957年起，美国就在著名火箭专家冯·布劳恩的领导之下，开始了大型火箭的研制。"阿波罗"工程共研制了3种运载火箭："土星1"号、"土星1"号B和"土星5"号。

"土星1"号是初级火箭，仅用于试验，以便为巨型火箭的研制提供经验。这种火箭共制造了10枚，分为2组。第一组4枚，仅试验第一级，上面加配重；第二组6枚，试验第一、二级。它总共进行了10次飞行试验，均获得了成功。其中第6次和第7次试验了"阿波罗"号飞船的样件，最后3次用于发射人造地球卫星。

"土星1"号火箭的第一级S—1由8个圆柱形贮箱段捆绑而成，长24.4米，用8台推力为833.5千牛的H—1发动机，推进剂为液氧和煤油，在尾段外面装有8个稳定尾翼。第二级S—4用6台RL—10液氧液氢发动机，每台推力为66.7千牛。第二级上面是过渡段，内装制导和控制系统。火箭全长38.5米（不包括有效载荷），直径6.55米，起飞质量约508吨，起飞推力6668千牛。

"土星1"号B也是两级火箭。第一级S—1B与"土星1"号火箭的第一级相同，但改进了制造方法，质量明显减轻，H—1发动机的性能也得到改善，总推力提高到7297千牛。第二级矗立在肯尼迪航天中心的"土星5"号火箭S—4B改用一台大推力的J—2液氧液氢发动机，推力高达1000千牛，工作时间约450秒。第二级上面是仪器舱，高1米，直径6.55米，内装自主式制导系统、控制系统和各种仪表。火箭全长44米，直径6.55米，起飞质量约587吨。火箭的低轨道运载能力达18吨。"土星1"号B火箭曾用于"阿波罗"号飞船某些分系统的试验，如指挥舱再人防热试验、登月舱推进系统试验、指挥舱和服务舱的载人飞行试验等。

承担把"阿波罗"号飞船送上月球这一光荣而艰巨使命的是"土星5"号巨型运载火箭。它全长110.6米，约相当于40层楼那么高，起飞质量

"土星5"号火箭

2930 吨，是迄今为止飞离地球的最重的物体。这种火箭在今天看来仍然是"神力无敌"，它能把重 127 吨的有效载荷送上地球低轨道，或是把 48.8 吨重的飞船送上奔赴月球的逃逸轨道。"土星 5"号是一种三级液体火箭，由 S—1C 第一级、S—2 第二级、S—4B 第三级、仪器舱和有效载荷组成。第一级长 42 米，直径 10 米，到尾段底部直径增大到 13 米。尾段上装有 4 个稳定尾翼，翼展约 18 米。采用 5 台 F—1 发动机，推进剂为液氧和煤油，总推力达 33350 千牛。第二级长 25 米，直径 10 米，采用液氧液氢推进剂，共用 5 台 J—2 发动机，真空总推力达 5109 千牛。第三级采用"土星 1"号 B 火箭的第二级，仪器舱也和"土星 1"号 B 的相同。

在完成登月任务后，"土星 5"号火箭退役了，如今它的模型静静地躺在博物馆中，享受着世界第一的殊荣。

智慧的结晶——"阿波罗"号飞船

美国的载人登月工程被称为"阿波罗"工程。在希腊神话中，"阿波罗"是太阳神的名字，他是智慧的化身，也是月亮女神的哥哥，哥哥去探望妹妹是天经地义的事情，让飞船拥有太阳神的智慧更是美国人最美好的愿望。而此后"阿波罗"号飞船的表现也证明了它是人类智慧的结晶。

"阿波罗"号飞船身形高大，总高 25 米，直径 10 米，重约 45 吨，由指挥舱、服务舱和登月舱 3 部分组成，最多能乘坐 3 名航天员。

指挥舱是航天员在飞行途中生活和工作的座舱，也是整个飞船的控制中心。该舱为圆锥体，高 3.2 米，重约 6 吨。指挥舱壳体结构分为 3 层：内层为铝合金蜂窝夹层结构，中层为不锈钢蜂窝夹层隔热层，外层为环氧—酚醛树脂烧蚀防热层。舱内充以 34.3 千帕压强的纯氧，温度保持在 21 摄氏度～24 摄氏度。整个指挥舱分前舱、乘员舱和后舱 3 部分。前舱内放置着陆部件、回收设备和姿态控制发动机等。乘员舱为密封舱，存有供航天员生活 14 天的必需品和救生设备。后舱内装有 10 台姿态控制发动机及各种仪器和燃料箱，还有姿态控制、制导导航系统以及船载计算机和无线电分系统。

服务舱的前端与指挥舱对接，后端有推进系统主发动机喷管。舱体为圆筒形，高 6.7 米，直径 4 米，重约 25 吨。服务舱采用轻金属蜂窝结构，周围分为 6 个隔舱，容纳主发动机、推进剂贮箱和增压、姿态控制、电气等系统。主发动机推力达 95.6 千牛，由计算机控制，用于轨道转移和变轨机动。姿态控制系统由 16 台火箭发动机组成，除用于姿态控制外，还用于飞船与第三级火箭分离、登月舱与指挥舱对接和指挥舱与服务舱分离等。

登月舱由下降级和上升级组成，从地面起飞时重 14.7 吨，宽 4.3 米，最大高度约 7 米。下降级由着陆发动机、4 条着陆腿和 4 个仪器舱组成。着陆发动机推力可在 4.67～46.7 千牛内调节，发动机摆动范围为 6 度。着陆腿末端有底盘，上面装有触地传感器。下降级内还装有着陆交会雷达和 4 组容量为 400 安时的银锌蓄电池。上升级为登月舱主体。航天员完成月面活动后即驾驶上升级返回环月轨道与指挥舱会合。上升级由航天员座舱、返回发动机、推进剂贮箱、仪器舱和控制系统组成。座舱可容纳 2 名航天员，有导航、控制、通信、生命保障和电源等设备。座舱前方有舱门，门口小平台外接登月小梯。返回发动机推力为 15.6 千牛（不可调），可重复启动 35 次。姿态控制系统包括 16 台小推力发动机。仪器舱装有两组容量为 296 安时、互为备份的银锌蓄电池。

登月飞行包括 4 个步骤：①第一和第二级火箭将飞船送入环绕地球的中间轨道；②发动第三级火箭，进入向月球飞行的轨道，在第三级飞行末段。指挥舱和服务舱与第三级火箭分离，指挥舱和服务舱调转 180° 后与仍和第三级连在一起的登月舱对接，再与第三级分离；③服务舱的发动机启动，使飞船进入绕月飞行的轨道；④登月舱分离并转入下降轨道，最后在月球表面着陆。

返回时的第一步是登月舱的上升级分离并起飞；第二步是登月舱的上升级与在绕月轨道上飞行的指挥舱对接；第三步是登月航天员返回指挥舱并与登月舱上升级分离后进入向地球返回的轨道；第四步是指挥舱与服务舱分离并再入大气层。

登陆月球

1966 年底，在 3 次不载人飞船连续发射成功之后，美国决定在 1967 年 2 月 21 日进行"阿波罗"号飞船的首次载人试验飞行。这次发射代号为 AS—

204，即"阿波罗1"号。

将要在"阿波罗1"号飞行中出征的是格里索姆、怀特和查菲3人。其中指令长格里索姆曾在"水星"和"双子星座"计划中两度飞临太空，怀特曾乘"双子星座4"号飞船升空，并进行了美国的首次太空行走，查菲还从未进入过太空，此次他跃跃欲试，要一展身手。在地面准备和测试阶段，"阿波罗1"号总是出问题，迈向月球的这第一步充满了艰难与险阻。

1967年1月27日，星期五，下午1时，"阿波罗1"号的3名乘员进入指挥舱进行例行的地面试验。进入飞船后，格里索姆把他的航天服与舱内供氧系统相连时，闻到了一股"酸味"。于是航天员们停下手头的工作，抽取了空气样品。试验继续进行。紧接着，氧气流动异常主警报器发出了警告。飞船环境控制系统技术人员当时认为是舱内乘员的运动引发了警报器。不久，格里索姆又与地面控制部门失去了通信联系。通信恢复后格里索姆说："如果现在就联系不上，等我们到了月球又怎么办？"

试验仍在进行。突然，舱内的查菲像是不经意地说："火，我闻到了火的气味。"2秒后，怀特更加肯定地说："舱里着火了！"然而，由于"阿波罗1"号采用了新的机械式舱门，在舱内不可能很快将门打开，3名航天员失去了逃生的机会。待技术人员赶到时，大火已横扫座舱，烈火和浓烟吞噬了舱内的一切。

美国失去了3名最优秀的航天员。事后调查表明，大火始于座舱左侧一束导线或其附近出现的一个小火花。因为当时飞船已做完了加压试验，舱内充满了纯氧，火花的出现无异于把3名航天员置于一颗炸弹的中心。

这次大火使"阿波罗"飞船的首次载人飞行试验推迟了一年半，但载人航天事业并没有因此停止前进的步伐。这正如格里索姆曾经说过的话："如果我们牺牲了，希望人们能够接受。我们从事的是一项危险的工作，我们希望不管发生了什么事都不要影响登月计划的实施。征服太空值得我们冒生命危险。"在这段时间内，美国对"阿波罗"飞船进行了重新设计，并对航天员的安全问题给予了更多的考虑，包括使舱门能在2~3秒内自动打开，对防火、生命保障系统等进行不同程度的改进。航空航天局还决定再发射几次无人飞船，以对飞船各系统进行更广泛和细致的试验。1967年11月9日，"阿波罗

4"号飞船升空，它的主要目的是检验火箭和指挥舱发动机。1968 年 1 月 22日发射的"阿波罗 5"号飞船试验了登月舱下降和上升推进系统。同年 4 月 4日，"阿波罗 6"号飞船又对整个飞行器的所有功能进行了全面试验。

1968 年 10 月 11 日，"阿波罗 7"号飞船由"土星 1"号 B 二级运载火箭发射升空。这是"阿波罗"计划中的首次载人飞行。3 名航天员是指令长沃尔特—希拉、指挥舱驾驶员唐·艾西尔和登月舱驾驶员沃尔特·坎宁安。希拉曾在"水星"和"双子星座"计划中两次执行太空飞行任务，而另两人则是第一次进太空的新人。

与"阿波罗 1"号相比，"阿波罗 7"号的指挥舱与服务舱做了重大修改，采用了新的结构和试验方法，安装了新的测试设备。它此行的主要任务就是在地球轨道上验证上述系统的功能，检验飞船的数据系统，演练交会对接，同时要在多种飞行方式的转换过程中测试辅助推进系统。

当飞船按预定程序与火箭第二级分离并拉开一定距离后，航天员通过手动操作，将飞船调过头来，这样航天员们就可以通过指挥舱的窗口看到已分离的火箭第二级。"阿波罗 7"号飞船没有装登月舱，但在二级火箭顶端安装了一个与未来登月舱的接口一模一样的装置，航天员们用它来试验接口的各种性能。航天员们还成功地进行了两次交会对接试验，其中第一次试验由对接雷达提供了距离和方位。

按计划，"阿波罗 7"号还需要在飞行的第 3 天进行首次太空电视直播。到了这一天，航天员们先仔细检查了电视转播要用的设备，在确认一切无误后，通知地面人员开始直播。希拉对着镜头举起了几张卡片，上面写着"欢迎到'阿波罗'号来做客"和"给大家问个好"等字样。他们还在镜头前演示了起居活动、飞船操纵、吃饭和在失重状态下飘浮等情景。说起这次直播，还有一段插曲。飞船升空的次日，地面人员提出把直播提前到这一天进行，但航天员们没有同意。为此双方发生了火药味颇浓的争吵。希拉后来解释说，他们之所以不同意提前直播是想仔细检查所用设备。他说："我对因线路故障引起的那场大火记忆犹新。另外，我需要时间对首次电视直播进行完整构思，不能敷衍了事。"

飞行中，3 名航天员制定了作息时间表，轮流值班，以便让每个人都能得到充分的休息。但糟糕的是，起飞 15 小时后，希拉就患了重感冒，并传染给了另外 2 人。由于没有重力，感冒者要不断地用力擤鼻涕，震得耳鼓生疼。由于身体不舒服，3 人都变得暴躁易怒，甚至将这一情绪带给了地面控制人员。而在太空飞行中，天上与地面之间的精诚配合非常重要，互相猜疑对飞行是十分不利的。飞行结束前几天，航天员们又开始担心，再入大气层时戴上头盔，会妨碍他们擤鼻涕，希拉甚至想不穿航天服返航。好在航天员们都经过严格的选拔和训练，能够尽量控制自己的情绪。最终，在地面人员的说服下，他们还是全副武装地再入了大气层。

在绕地飞行了 260 小时后，10 月 22 日，"阿波罗 7"号飞船溅落在大西洋上，距预定着陆点只差 2000 米。"阿波罗 7"号的成功，把"阿波罗"计划从火灾的阴影中解救了出来，确认了飞船的可靠性，为后续飞行铺平了道路，它的飞行称得上是重树信心之旅。

"阿波罗 8"号是第一艘载人环月飞行的飞船，执行这次飞行任务的 3 名航天员是指令长弗兰克·博尔曼、指挥舱驾驶员詹姆斯·洛弗尔和登月舱驾驶员威廉·安德雷斯。

1968 年的圣诞节前，12 月 21 日 7 时 51 分，"土星 5"号火箭在刺骨的寒风中开始点火，这是这种巨无霸型火箭的首次发射。约 11 分钟后，火箭的第三级和飞船进入地球轨道。10 时 17 分，"阿波罗 8"号进入向月球过渡的轨道，把人类的太空飞行带入了一个新的时代。

23 日下午 3 时 29 分是历史性的一刻。此时飞船距地球 326400 千米，距月球 62600 千米。此前，由于受地球引力的影响，飞船的速度已降低。而从这一刻起，飞船进入了月球引力场，在月球的吸引下，开始慢慢加速。23

"阿波罗 8"号三位宇航员

日晚，航天员们点燃发动机，飞船进入月球轨道。之后，飞船飞到月球背面，中断了与地面的所有联络。当飞船到达环月轨道的近月点时，洛弗尔启动发动机为飞船加速。此时，飞船的近月点为84千米，在月球的背面；远月点为230千米，在近地一面。

绕月飞行10圈后，在月球背面的近月点处航天员将点燃发动机，为飞船加速，以便克服月球的引力返航。由于飞船与地面的联络已中断，此时的地面控制中心里气氛紧张，好像凝固了一般。如果点火失败，或是发动机工作时间太短，航天员们就将陷入困境。如不能及时补救，他们就可能永远留在月球轨道上。这是人类首次环月飞行，会不会出意外？人们的心几乎都提到了嗓子眼儿。等待中，时间似乎过得特别慢。突然，地面控制中心收到了飞船的遥测信号，几分钟后，传来洛弗尔激动的声音。这是最好的圣诞礼物了，欢呼声立刻响彻地面控制中心。收到信号就意味着点火成功，航天员们胜利踏上了返乡之路。

12月27日，"阿波罗8"号进入地球大气层。随后，服务舱被抛掉。洛弗尔利用手动装置调整了飞船的方向，飞船最后安全地溅落在太平洋上。"阿波罗8"号成功的载人环月飞行表明，美国朝着登月目标迈出了坚实的一步。

"阿波罗9"号是第一艘以登月配置发射的"阿波罗"号飞船，飞船上的3名航天员分别是指令长詹姆斯·麦克迪维特、指挥舱驾驶员大卫·斯科特、登月舱驾驶员拉塞尔·施韦格特。飞船原定于1969年2月28日发射，但由于3名航天员都患了感冒，鉴于"阿波罗7"号的情况，发射推迟了几天。

3月3日上午11时，"土星5"号火箭腾空而起，火箭的飞行非常平稳。起飞11分钟13秒后，S—4B第三级点火，把飞船送入距地面190千米的轨道。3名航天员开始了名副其实的太空生活。他们尽量缓慢地做着各种操纵飞船所必需的动作，尤其十分注意避免头部的突然转动，以免加重刚来到微重力环境时出现的眩晕。

起飞2小时43分钟后，斯科特把火箭和指挥舱分开。待两者离开一段距离后，他操纵飞船转了180度，与仍在火箭顶部的登月舱成功对接，并将其从火箭上拉出，首次在太空驾驶着完整的"阿波罗"号飞船离开了火箭。接下来的一天，航天员们开始为将要进行的各项试验做准备。

第 3 天早晨，麦克迪维特和施韦格特为航天服加了压，准备进入登月舱。就在这时，施韦格特突然呕吐起来。处理完这件麻烦事后，两人相继从指挥舱进入登月舱，然后关闭了通往指挥舱的舱门。登月的一个重要环节是部署着陆装置。施韦格特按动按钮后，登月舱的着陆支架优雅地伸展开来。然后，他们又对登月舱的操纵系统等进行了一系列试验。在登月舱中，两人还试用了将要在月面上使用的电视摄像机，不定期地向地面进行了短时直播。9 小时后，两人返回了指挥舱。

人类登月七大步骤

1959 年，前苏联发射的"月球 1"号飞到月球附近，进行绕月飞行，开始了人类对月球的考察。1961 年 5 月，美国提出"阿波罗"月球探测计划。1969 年 7 月 20 日，"阿波罗"登月舱降落到月面，开始了人类有史以来的登月活动。

美国宇航员登月七大步骤

第一步，先将分离的"货船"和"宇航员探险车"。分别通过火箭发射到地球轨道上。

第二步，"宇航员探险车"将在地球轨道上和"货船"上的登月车、"离开地球推进器"进行对接。

第三步，"离开地球推进器"点火，将"宇航员探险车"和"货船"送往月球。

第四步，飞船抵达月球轨道后，4 名宇航员将乘坐"登月车"一起登陆月球表面，而"宇航员探险车"则仍然停留在月球轨道上。

第五步，宇航员利用"货船"带去的 23 吨重地球原料，在月球表面建设"月球基地"，4 名宇航员将在月球待上 1 周时间，然后乘坐"登月车"的上升器飞离月球表面。

第六步，宇航员重新进入月球轨道上的"宇航员探险车"，飞回地球。

第七步，返回太空舱将在美国西部的 3 个地点之一通过降落伞降落地面。

鲜为人知的"阿波罗"事故

"阿波罗 13"号登月飞行，是一次险象环生的自救飞行。

"阿波罗11"号和"阿波罗12"号成功登月后,"阿波罗13"号奉命载人再次登月,但是这次登月飞行由于发生了一次大事故而失败。

1970年4月13日晚9时17分,"阿波罗13"号载着罗威尔、史威格和海斯三名航天员飞行离地球已达30万千米,就在这时飞船一个液氧箱发生爆炸,爆炸引发一系列危险:燃料即将耗尽,电池组不能正常供电,飞船不能按正常轨道飞行,舱内温度和压力下降,航天员生命危在旦夕。

在危急时刻,航天员根据地面指令沉着应对,从指令舱爬到登月舱内,利用登月舱发动机将飞船推到返回轨道。在这条轨道上地球引力可将飞船拉回来,使之飞向地球。

4月17日,"阿波罗13"号接近地球,罗威尔在登月舱里启动4台姿态控制火箭校正轨道。史威格操纵指令舱,将服务舱分离,然后

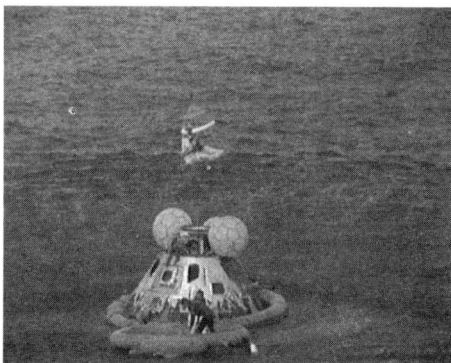

"阿波罗13"号降落在太平洋海域

他们都回到指令舱,下午12时07分,"阿波罗13"号指令舱安全降落在太平洋海域里。

"阿波罗"技术试验阶段及登月试验阶段情况表

	日期	探测器名称	运载火箭	任务类型	说明
1	1966年2月26日	"阿波罗-201"			成功
2	1966年7月15日	"阿波罗-203"	"土星1B"		成功
3	1966年8月25日	"阿波罗-202"			成功
4	1967年1月27日	"阿波罗1"		入地球轨道试验	射前座舱失火,3人牺牲
5	1967年11月9日	"阿波罗4"	"土星5"		成功
6	1968年1月22日	"阿波罗5"			成功
7	1968年4月4日	"阿波罗6"			失败
8	1968年10月11日	"阿波罗7"	"土星1B"	载人地球轨道	试验3人成功环地球

续表

	日期	探测器名称	运载火箭	任务类型	说明
9	1968 年 12 月 21 日	"阿波罗 8"		载人环月	试验 3 人成功环地球
10	1969 年 3 月 3 日	"阿波罗 9"		登月舱载人地球轨道试验	3 人成功环月
11	1969 年 5 月 8 日	"阿波罗 10"		载人环月	3 人成功环地球
12	1969 年 7 月 16 日	"阿波罗 11"			3 人成功环月
13	1969 年 11 月 14 日	"阿波罗 12"			2 人成功登月，1 人环月
14	1970 年 4 月 11 日	"阿波罗 13"	"土星"		2 人成功登月，1 人环月
15	1971 年 1 月 31 日	"阿波罗 14"		载人环月	液氧箱爆炸
16	1971 年 7 月 26 日	"阿波罗 15"			3 名航天员环月
17	1972 年 4 月 16 日	"阿波罗 16"			2 人成功登月，1 人环月
18	1972 年 12 月 7 日	"阿波罗 17"			2 人成功登月，1 人环月

◦◦◦◦◦▶ 知识点

登月第一人

　　阿姆斯特朗曾是一位美国国家航空航天局的宇航员、试飞员、海军飞行员，以在执行第一艘载人登月宇宙飞船"阿波罗 11"号任务时成为第一名踏上月球的人类而闻名。尼尔·阿姆斯特朗的第一次太空任务是 1966 年执行的"双子星 8"号的指令长。在这次任务中，他和大卫·斯科特一道完成了第一次航天器的对接。阿姆斯特朗的第二次，也是最后一次太空任务就是著名的 1969 年 7 月的"阿波罗 11"号。阿姆斯特朗跨出"鹰"号登月舱，将左脚踏到月球表面上，留下那著名的脚印，成为人类历史上登陆月球第一人。在这次"人类的一大步"中，阿姆斯特朗和巴兹·奥尔德林在月球表面进行了两个半小时的月表行走（迈克尔·科林斯在指令舱中环绕月球）。

逐渐兴起的新一轮登月热潮

前苏联、美国的月球探测获得了无价的月球样品、数据和探月经验，大大促进了人类对月球、地球和太阳系的认识，带动了一系列基础科学与应用科学的创新和发展。

月球探测带动了月球科学，尤其是月球地质学的发展。人类第一次对除我们居住的地球之外的天体有一个系统的了解，包括对物理特性、轨道参数、空间环境、表面结构与状态、矿物岩石与化学组成、内部物质构成等的了解。

月球探测还催生了一些新的学科如比较行星学。大量探测数据和样品分析结果，使得对地球与月球的详细比较研究成为可能，并依此延伸到探测数据有限的其他行星的对比研究，极大地加深了人类对其他类地行星的认识同时，由于在地球上研究地球不可避免地会导致"近视"，要完全了解我们居住的星球，必须研究其他行星，比较其异同之处，因此月球探测科学研究也促进了地球科学的发展。

21世纪，月球探测将进入一个新的高潮期，这期间除了发射月球探测器对月球做进一步深入探测以外，开发利用月球资源，建立月球基地将成为新一轮月球探测热潮的重要目标。

美国：重返月球计划

在20世纪90年代美国又发射了"克莱门汀"和"月球勘探者"两颗月球探测器。

"克莱门汀"探测器

1994年1月25日，由"大力神"火箭从范登堡空军基础发射"克莱门汀"环月探测器，2月21日进入月球轨道，该探测器重424千克，三轴稳定，它装载有紫外/可见光相机、近红外相机、高分辨率相机、激光雷达系统、长波红外相机、星跟踪器相机等设备。其主要目标是对美国国防部下一代卫生所需的轻型成像遥感器及组件技术进行空间鉴定。它获取的180万张月面图像证明月球极区可能有水存在。

"月球勘探者"探测器

1998年1月7日，用"雅典娜2"火箭从卡纳维拉尔角46号工位发射了"月球勘探者"探测器。它是继"阿波罗"计划后美国发射的第二颗环月探测器，采用自旋稳定方式，质量295千克，环月轨道高度为100千米，其主要载荷为γ射线探测仪、α粒子探测仪、磁场仪和多普勒重力计。这项计划耗资0.59亿美元，主要任务是对月球火山口的寒冷区和极区冰的含量进行测定，为今后建立月球基地获取资料，还将完成月球表面化学成分的测定、月球全球磁场和引力场的测绘。"月球勘探者"所发回的数据比"克莱门汀"探测器要详细得多，这对了解月球起源和整体构造具有重要参考价值。

2004年1月14日，美国总统布什在位于华盛顿的美国宇航局总部发表讲话中，宣布新太空计划，重返月球是其中的最重要的任务。美国航天员最早将于2015年，最晚不超过2020年重返月球，并将在月球上建立永久性常驻基地，以月球作为跳板，为下一步将人送上火星甚至更遥远的星球做准备。为了实施这一宏大的计划，美国将投入2000多亿美元资金，并研制新的运载火箭、载人飞船和月球工作居住舱。

具体来说，前总统布什的太空计划内容包括完成空间站建设、停飞航天飞机、航天员重返月球、人类登上火星等。这个太空计划雄心勃勃，正如布什自己所说："不知道这次旅行将在哪里结束"。

长期以来，美国航天界对美国载人航天的下一步目标，是登上火星还是重返月球，一直存在争论。虽然美国有许多人对火星情有独钟，但登火星在技术和经费上都有巨大困难。显然，在月球上建立太空基地，要比登上火星容易得多。首先，月球与地球的距离较近，事实证明，采用现有的火箭技术，可以将人和货物送上月球，月球与地球之间的通信也没有任何问题。其次，月球没有火星上的那种沙尘暴，在月球表面较容易着陆。当然月球上丰富的资源也具有极大的吸引力。

为了达到重返月球的目标，美国必须重新设计在月球着陆的航天运输系统。在1969～1972年，美国在执行登月任务时使用的"阿波罗"号飞船系统，只是为一次着陆和短暂逗留设计的，指挥舱只能装载 3 人，月球登陆舱则只能容纳 2 人。因此，美国必须设计出布什称为"乘员探索飞行器"的新一代飞船。这种飞船能够向月球运送一组航天员和大批物资设备。显然，它将不同于美国原有的"阿波罗"号飞船和现有的航天飞机。另一个技术难题是能源问题。在月球上建立太空基地，需要建立太阳能电站或核反应堆。如果美国计划在 2030 年之后将航天员送上火星，看来还必须发展采用新能源的火箭如核动力火箭，以缩短航天员的飞行时间。

美国在通过"水星"号飞船和"双子星座"号飞船掌握了载人航天的基本技术之后，在 1961～1972 年，耗费 240 亿美元研制了"土星"号系列运载火箭和"阿波罗"号登月飞船，先后完成了 6 次登月飞行，把 12 人送上了月球，实现了登月方面超过前苏联的目的，也促进了科学技术的进步。但这项耗资巨大的计划由于缺乏应用目标而无法继续下去，美国不得不转向近地太空的开发，研制航天飞机和空间站。这样，在登月计划中研制的"土星"号系列火箭（"土星 5"号的低轨运载能力为 126 吨）和发展得比较成熟的飞船技术，至今还没有得到进一步的应用。美国在研制航天飞机和国际空间站过程中，虽然在技术上取得了许多重大突破，在太空科学实验方面，也取得了一大批成果，但也有不少人认为，它所花的费用远远大于它的科学目的和实际用途。2003 年 2 月 1 日，美国"哥伦比亚"号航天飞机机毁人亡，又再次引起了人们对国际空间站的广泛争议。在这种背景下，布什提出太空新计划既可以激发民族自豪感，也可以重新修正美国航天的发展方向。

2005 年 9 月 19 日，美国正式宣布新的登月计划，新登月计划将耗资 1040 亿美元，将采用新一代航天工具，包括新型运载火箭、形同"阿波罗"号的宇宙飞船和登陆舱。如果一切顺利，美国航天员将在 2018 年（最迟 2020 年）重新登上月球。

新型载人航天器将结合航天飞机和"阿波罗"登月工程中安全可靠的设计和技术，性能更佳。新运载火箭将使用航天飞机的主要部件，诸如外挂燃料箱、固体燃料助推火箭和主发动机，并分为体积较小的载人火箭和体积较大的货运火箭两种，其中货运火箭大小与 109 米高的"土星 5"号运载火箭接近，用来把货物运到月球表面，留做储备。航天员乘坐的宇宙飞船，名叫

"载人探索飞行器"，将被置于运载火箭顶部，它的外形酷似放大了的"阿波罗"号，但质量增加 1/2，能搭载 6 名航天员，在月球轨道运行达 6 个月之久，并能送 4 名航天员登上月球，在月球上逗留 4~7 天。

着眼国际合作的俄罗斯

20 世纪 60 年代，发生在美、苏两个航天大国之间的那场登月竞赛给俄罗斯人留下的是失败的痛苦回忆。

1958 年，前苏联完成了对发射人造地球卫星的火箭的改造，使之可以发射月球探测器。当时有一些科学家建议把一枚原子弹送上月球并在月球上引爆，让全世界的天文学家都来拍摄爆炸时的情景，以此显示前苏联的技术实力。但物理学家认为，由于月球上没有大气，核爆炸的时间可能会很短，很难让地面上的天文学家拍摄到爆炸时的景象。因此，前苏联当局否定了这个建议。后来，前苏联政府把注意力转向载人登月上，从此开始了与美国长达 10 年之久的登月竞赛。

与美国一样，前苏联的登月飞行任务也打算使用一种大型运载火箭和一个轨道联合体来完成。登月运载火箭代号为"N1"号。1964 年，前苏联政府决定要赶在美国之前率先将航天员送上月球。为完成这项任务，1962~1966 年，"N1"号方案几经修改，有效载荷质量从最初的 50 吨增加到近 98 吨，第

"N1"号火箭残骸

一级发动机的数量也从 26 台增加到 30 台。为了赶进度，第一次发射时，这些发动机都没来得及集体试车，就组装在一起发射，结果酿成了重大的发射事故。由于技术问题和设计过于复杂，"N1"号火箭在后来的几次发射中，也都以惨败而告终，导致了前苏联登月计划的破产。后来，俄罗斯航天专家总结经验时说："这是一场不公平的竞争。当时美国比我们富裕多了，特别是当时苏联的国力由于与德国法西斯的战争和军备竞赛而被削弱了很多。登月竞赛一开始，我们就知道，我们不可能赢。"

而现在，在新一轮月球开发热中，俄罗斯人以低调和务实的姿态开始月球研究，充分发挥自己的长处，将重点放在月球车的开发和人类在长期宇宙航行中的生命保障系统研究上，并在各项航天事业中积极谋求国际合作。

除了准备参加印度的月球探测计划外，俄罗斯与欧洲空间局在太空开发和卫星的商业发射领域的合作已进入了一个重要阶段，通过俄罗斯独一无二的宇航技术与欧洲空间局的科技和资金二者的结合，全新的六座位宇宙飞船"快船"号有可能在 2010 年前取代"联盟"号载人飞船。新飞船能将人员与货物送入轨道站，需要时可将航天员与设备紧急撤回地球。它能用于长达 10 昼夜的自动轨道飞行，也可用于科研目的。此外，俄罗斯还与德国加紧合作，研究航天员如何预防空间辐射这一当代航天事业中最为复杂、最为紧迫的任务。

俄罗斯在载人航天方面拥有丰富的经验，因此也有可能参与美国新太空计划，包括火星考察人员的培训等。

俄罗斯的月球计划大体分 3 个阶段：2010～2015 年为第一阶段，使用"联盟"号系列飞船开展月球探测；2015～2020 年为第二阶段，实现航天员登月，建立经常性的月球交通体系，即先用"快船"号新型飞船把氦－3 从月球运到停在国际空间站的太空拖船上，然后再用这种可携带 25 吨货物的太空拖船把氦－3 运回地球。2020～2025 年为第三阶段，在月球上建立常设基地，开发氦－3 能源。

欧洲未来的月球探测

早在 1994 年，欧洲空间局就提出了重返月球、建立月球基地的详细计划。1994年5月欧洲空间局召开了一次月球国际讨论会，会议一致认为人类在机器人技术、电子技术和信息技术等方面取得的巨大发展，已使人类对月球进行低成本的探测和研究成为可能。在此基础上，欧洲空间局成立了月球研究指导小组，提出了今后应加强月球探测与研究，主要包括：发射月球极地卫星，研究和获取高分辨率的月面地貌、化学和地质图像；设立月面站和机器人系统，测量月岩化学成分和矿物成分，采取月球样品，用于地面研究。2020～2035年载入登月，建立月球基地。

2003年9月27日格林尼治时间23：00，欧洲空间局从法属圭亚那的库鲁航天发射中心成功发射了"智慧1"号月球探测器，这是21世纪人类发射的第一颗探月卫星。虽然"智慧1"号只是一颗小卫星，主要目的在于通过探月的实践，检验在未来深空探测中将使用的一系列高新技术，但它已经把新一轮探月高潮的序幕拉开了。

"智慧1"号月球探测器的英文名为SMART—1，它是Small Missions for Advanced Research in Technology的缩写，意思是研究先进技术的小型航天器。作为欧洲探月的急先锋，"智慧1"号就像一个飞向月球的小精灵，它的外形近乎正方体，尺寸为1570×1150×1040毫米，发射时的质量为370千克，太阳能帆板展开后翼展为14米，能提供1.9千瓦的电力，造价约1.08亿美元。由于总经费较少，"智慧1"号大量采用了模块化、通用化设计，结构紧凑，而且它上面的许多零配件都是直接从商店购买，这使其成为了小型化的杰作。它携带的用于完成10多项技术试验和科学研究的有效载荷的质量仅为19千克。

"智慧1"号装载着6种科学仪器，其中3套遥感仪器用于月球探测，它们分别是多光谱微型照相机、高分辨率的红外光谱仪和小型X射线光谱仪。

多光谱微型照相机平均分辨率为80米，在300千米近月点的分辨率为30米（美国月球"勘测者"号的空间分辨率为200米）。通过对极区高分辨率成像，可辨别阴影区，进而寻找陨石坑中的水冰。此外，微型照相机还与地球上的光学地面站相配合，进行激光通信试验。

红外光谱仪在0.93～2.4微米范围内划分256个谱段。利用这些数据，可精确地确定各种矿物的成分。例如，可将月壤中的辉石与橄榄石辨别出来，这对了解月球外壳物质的演变是很重要的。这种红外光谱仪是由欧空局第一次研制和使用的，如果在探月中获得成功，将在未来的火星探测、水星探测、小行星和彗星探测中进一步应用。

小型 X 射线光谱仪用来测量 X 射线荧光，从而绘制月球表面的元素成分图。利用这些数据，可准确地计算月球外壳的成分，研究南极的陨石坑结构特征，绘制月球资源分布图。这种小型 X 射线光谱仪也是今后水星和太阳系其他行星探测的必备仪器。

"智慧 1"号还是世界上第一个利用太阳能电火箭作为推进装置进行远距离飞行的航天器。

按照预定计划，"智慧 1"号的整个飞行过程分为发射与早期入轨、地球逃逸、月球俘获和月球观测 4 个阶段。除了发射采用化学火箭外，包括早期入轨在内的其他阶段的飞行都依靠太阳能电火箭提供推力来完成。这是它最为突出的特色和亮点。但是，由于电火箭产生的推力很小，加速很慢，故而进入最终飞行状态需要的时间要比采用化学火箭所用的时间长得多。

为"智慧 1"号提供飞行动力的太阳能电火箭发动机，严格说来是太阳能等离子体发动机。它使用氙气作为工作介质，并采用高效的砷化镓太阳能帆板将太阳光能转换成电能进而产生电磁场，利用电能电离氙气原子，形成等离子体，再通过电磁场的作用，使氙离子流高速喷出，从而为"智慧 1"号提供推力。这种太阳能电火箭比通常使用的化学火箭效率要高 10 倍，所需推进剂即工作介质较少，可使航天器有更多的空间装载有效载荷。由于它利用的是取之不尽的太阳能，故而能在太空无重力状态下连续运转几年时间。它的缺点是推力和加速度都很小，要使航天器达到预定的飞行速度，用时很长。它的重要意义在于，假若这次飞行试验成功，今后就会在更远距离航行的航天器上采用这种推进系统。

为了掌握太阳能等离子体发动机的实际技术性能，"智慧 1"号上装置了电推进诊断组件，用来监测推进系统的工作情况及其对航天器的作用效果。同时，它还携有航天器电势、电子与尘埃实验件，用以监测推进系统对电子通量、电场和航天器电势的影响，并研究地月空间的带电环境。此外，它还载有用来试验地球与遥远航天器之间的激光通信技术、实验航天器自主导航计算机技术等先进设备。

在"智慧1"号上所试验的太阳能等离子体发动机等新技术和它采用的多项探测技术，如被证明达到了预期的效果，将会对未来欧洲乃至世界航天技术的发展产生深远影响和重要作用。

欧洲"智慧1"号携带的主要科学仪器及其任务

仪器名称	目的	主要任务
电推进诊断组件	新技术实验	监测推进系统的工作及其对航天器的影响
航天器电势、电子与尘埃实验件	新技术实验	监测推进系统对电子通量、电场和航天器电势的影响，研究地月空间的带电环境
深空 X/Ka 波段测控试验件	新技术实验	试验地球与高速飞行的航天器之间的下一代无线电通信技术，由深空转发器在 X 波段接收指令，并在 X 和 Ka 波段发射遥测数据

不甘示弱的日本

1996 年，日本提出了建造永久月球基地的计划，预计投资 260 多亿美元，在 2030 年建成月球基地，包括居住舱、氧和能源生产厂以及月球天文台。

日本于 1970 年发射了第一颗人造卫星，此后的很长一段时间内，日本都处于国际航天业的前列。在"飞天"号科学卫星绕月成功后，日本航天界信心大增，1991 年又制定了别出心裁的月球探测计划，其中包括研制和发射"月球 A"号和"月女神"等探测器。1994 年，日本制定了一个更加雄伟的计划：投资 260 多亿美元，在 2024 年建成一个 6 人的月球基地，包括居住地、氧和能源生产厂以及月球天文台等。

"月球 A"号由日本空间和宇宙科学研究所研制，重 540 千克，计划在上面搭载两个各高 80 厘米、直径 16 厘米的"矛型"钻探装置，卫星到达月球表面以后，两个钻探装置将插入月球地表，装置上携带的地震测量仪、热流量计等科学仪器将探测到的数据向卫星传送，再传回地球。

"缪斯A"月球探测器

1990年1月24日，日本宇航研究开发机构，用M—3S2—5型火箭成功发射了"缪斯A"月球探测器（又名"飞天"号探测器），同时还搭载有"羽衣"环器，由于星箭分离时速度太低，探测器的远地点只有290000千米，后经多次变轨才达到远地点为476000千米的正常探测轨道。"飞天"探测器共绕月飞行了10圈，离月球最

日本"飞天"号探测器

近的探测距离为16472千米，它于1993年4月10日在结束其使命后撞向月球。

子卫星"羽衣"重12千克，外形是一个26面体，上面装有一个4千克的固体发动机，用于环月探测，其太阳翼可以提供10瓦的电力，在"羽衣"的顶部安装有转发器和全向天线，用于数据传输和测控。原计划在1990年3月18日"飞天"探测器首次到达近月点时被释放，但由于转发器发生了故障，"羽衣"未能被释放，无法开展探测工作。

"月女神"

2007年9月14日，日本用H—2A火箭成功发射了"月女神"环月探测器，并搭载有"中继星"和"甚长基线干涉测量星"两个子探测器。两个子探测器均分离成功。"月女神"重量为3000千克，设计寿命1年，环月高度为100千米，共载有X射线光谱仪、γ射线光谱仪、多波段成像仪、光谱剖面仪、地形相机、月球雷达探测器、激光高度计月球磁强计、带电粒子光谱仪、等离子体分析仪等15种探测仪器。两个子探测器各重50千克，分别负责从探测器到地球的通信传输和精确测量月球的位置及运动情况。

"月女神"探月计划是自美国"阿波罗"计划以后规模最大，同时也是

最复杂的探月计划。日本科学家希望通过随身所带的仪器了解月球表面成分和矿物组成、月球表面的结构、重力场、磁力场、高能粒子环境以及月球的等离子区等。通过上述研究活动，希望进一步揭开月球的起源及演进的秘密。

"月女神"探测器计划由日本宇宙开发事业团与日本空间和宇宙科学研究所共同实施。该计划的主要目标是解决探索太阳系所必需的关键问题，特别是软着陆和数据中继技术。日本称"月女神"是日本未来月球探索计划的第一步，将为 2024 年日本建立有人月球基地奠定基础。

目前，日本已在月球机器人上技高一筹，积累了丰富的技术经验。日本宇宙科学研究所和东京大学开发成功了一种月球探测鼹鼠机器人，它的外形是一个直径 10 厘米、长 20 厘米的圆筒，可以像鼹鼠一样钻入月球地下 11 米，采集矿物质加以分析，弄清月球地表的结构。它有排沙和掘进两种装置，排沙装置有两根旋转的滚柱，能把挖出的沙石碾轧结实，掘进装置则把活塞顶在碾轧后的沙石上，用活塞推动身体前进。研究人员下一步的任务是制作月球地面配合设备，设计中的地面设备直径为 20 ~ 30 厘米，内装有太阳能电池。月球地面设备除了向机器人供应电力之外，还负责接收机器人的探测数据，向地球发送信号。

印度：后生可畏

印度将在俄罗斯的帮助下，在 2011 ~ 2012 年间，实现"钱德拉扬 2"号探测器登月计划，在月球表面进行探测。

印度的航天事业从 1962 年起步，经过 40 多年的发展，如今在世界航天国家中占据重要的一席。在月球探测中，印度同样不甘落后。

2003 年年底，印度设计制造的一台使用液氢、液氧为燃料的低温火箭发动机在地面试验中成功燃烧了 1000 秒，超过了太空飞行所需的 721 秒的最低要求。这次试验的成功使得印度成为继美、俄、法、中、日之后世界上第 6 个有能力自行制造低温火箭发动机的国家。随着印度研制的低温发动机取得巨大进展，加上已有的卫星遥感技术走在世界前列，印度实施月球探测计划的技术已经成熟。

也是在这一年，印度启动了月球探测计划。该计划代号为"钱德拉扬"

（即"月球初航1"号），准备耗资8500万美元，在2007年发射一颗重1050千克的绕月卫星。

印度绕月卫星将由印度极轨卫星运载火箭发射，最终进入距离月球100千米的月球极地轨道运行，对月球表面进行两年的探测，主要任务是测绘地貌、分析化学成分和调查矿物分布。

印度科学家目前正在加紧研制32通道的频谱仪、低能和高能X射线频谱仪、太阳X射线频谱仪和激光测高计。另外，用来测量极地水冰的合成

印度极轨卫星运载火箭发射情景

孔径雷达将由美国约约翰霍普金斯大学的应用物理实验室研制。为了接收月球探测器的信号，印度正在建设34米直径的天线，印度卫星测控中心的专家认为，对于印度的探月任务来说，25米直径的天线就足够了，但为了今后的深空探测任务，必须留有余地。

2004年11月22日~26日，第6届月球探测与应用国际会议在印度召开，印度不但以自己的月球计划吸引了全世界的眼球，也以辉煌的航天成就向世界证明了，印度正在成为具有全球影响力的航天大国。

美国与八国合作探月

2008年7月29日，美国宇航局在华盛顿总部宣布，美国与印度、韩国、日本、加拿大、英国、法国、德国、意大利署一份合作协议，将共同开展探月活动。

中国人的探月梦
ZHONGGUO REN DE TANYUEMENG

在20世纪六七十年代，美国人和前苏联人分别开展探月方面的活动，其中美国宇航员多次登上了月球。而且在21世纪的新阶段又兴起了月球探测和绕月方面的热潮，技术上也有新的进展，我国为适应这种形势的需要，也为了发展国家高科技技术形势的需要，在经过长期准备、10年论证，于2004年1月正式立项了探月计划——"嫦娥工程"。该工程目前主要集中在绕月探测、月球三维影像分析、月球有用元素和物质类型的全球含量与分布调查、月壤厚度探查以及地月空间环境探测。

"嫦娥奔月"是一个在中国流传古老的神话故事，这个神话故事也证明了中国人的探月梦已远远不止几十年，而这一梦想最终在2007年10月24日得以实现。

迈出深空探测第一步

我国是世界上最早对月球运行进行科学观测和记录的国家之一。公元前14世纪，中国殷朝甲骨文（河南安阳出土）中已有日食和月食的常规记录。明朝以前，我国对日月运行的观测、研究和认识达到了很高的水平，以对日月运行认识为基础编制的历法一直领先于世界，还发明了一系列精巧的天文观测仪器。明朝中叶以后，欧洲科技的发展突飞猛进，对月球的科学认知水平很快就超越了我们，从对月球的远距离观测逐步走向全面的科学探索。

在 20 世纪 50 年代末至 70 年代初，美国和前苏联两国在冷战期间凭借自己在航天领域的优势，展开月球探测的竞争，共向月球发射了 100 多枚探测器。1969 年 7 月，"阿波罗 11"号更是实现了人类的登月之梦。从"阿波罗 11"号飞行中人类在月球上迈出第一步，到"阿波罗 17"号飞行中人类迈离那里的最后一步，月球上共留下了 12 名美国宇航员的足迹。这一时期美、苏两国在月球探测中取得了辉煌的成就。

"阿波罗 11"号成功登月

航天探测能力是一个国家综合国力和科技水平的体现。1959～1976 年，随着月球探测卫星的出现，美、苏两个空间大国在月球探测领域展开了激烈的竞争。10 余年中，两国开展了飞越月球、硬着陆、月球轨道飞行、软着陆、无人登月取样返回地球、载人登月取样返回地球等一系列月球探测活动，极大地带动了各自国家科学技术的迅猛发展。

随着冷战形势的缓和，在历经 18 年月球探测活动的冷静思考后，20 世纪 90 年代，世界各航天大国重返月球的热潮迅速兴起。我国作为一个世界大国，不能长期脱离这种现实与趋势。自 1970 年 4 月 24 日成功发射第一颗人造地球卫星以来，我国的运载火箭、应用卫星和试验飞船技术有了飞速发展，特别是载人航天取得了历史性的成功与突破后，开展月球探测，填补我国在深空探测领域的空白，对推动我国科学技术整体水平的提升，提升综合国力、增强民族凝聚力、培育国民开拓创新精神等都有重要意义。

2007 年 10 月 24 日，"嫦娥 1"号成功升空，开始了中国人对月球的第一次探测。这是我国继实现应用卫星和载人航天飞行之后，在空间科学和航天技术进步方面新的里程碑。

月球探测的开展，将是我国迈出深空探测的第一步。

 知识点

深空探测

深空探测是在卫星应用和载人航天取得重大成就的基础上，向更广阔的太阳系空间进行的探索。主要有两方面的内容：一是对太阳系的各个行星进行深入探测，二是天文观测。

随着 21 世纪的到来，深空探测技术作为人类保护地球、进入宇宙、寻找新的生活家园的唯一手段，引起了世界各国的极大关注。通过深空探测，能帮助人类研究太阳系及宇宙的起源、演变和现状，进一步认识地球环境的形成和演变，认识空间现象和地球自然系统之间的关系。从现实和长远来看，对深空的探测和开发具有十分重要的科学和经济意义。深空探测将是 21 世纪人类进行空间资源开发与利用、空间科学与技术创新的重要途径。

探测月球给我们带来的意义

探测月球对我们有什么意义？这是许多中国的普通老百姓所追问的问题。中国科学界也不乏争论的声音。月球探索真的对我们毫无意义吗？事实并非如此，它所带来的七大利益可以预见。

维护我国月球权益的需要

尽管 1984 年联合国通过的《指导各国在月球和其他天体上活动的协定》（简称《月球条约》）规定，月球及其自然资源是人类共同财产，任何国家、团体和个人不得据为己有。但是，当前世界主要航天大国和国际组织正加紧

实施月球探测计划。作为联合国外空委员会的成员国，我国只有通过开展月球探测，并取得一定成果，才具有履行《月球条约》和分享开发月球权益的实力，维护我国的合法权益。

月球是人类研究宇宙和地球本身的最佳平台

科学界认为，通过对月面上没有人为改造和破坏的这些优越条件研究月球，了解月球的成因、演变和构造等方面信息的研究，有助于了解地球的远古状态、太阳系乃至整个宇宙的起源和演变；有助于搞清空间现象和地球自然现象之间的关系，可以极大地丰富人们对地球、太阳系以至整个宇宙起源和演变及其特性的认识，从中寻求有关地球上生命起源和进化的线索。

促进科技的进步和发展的重要载体

开发月球是空前艰巨的事业，需要解决一系列难题，这必然会带动诸如大推力火箭、巨型航天器、高速飞行、人工智能、计算机、机器人、加工自动化、精密仪器、遥感作业、通信、材料、建筑、能源等工程技术以及空间生物、空间物理、空间天文等科学技术的突飞猛进。

为开发利用月球资源做准备

据以往的探测，月岩中含有地壳中的全部物质元素，约有60种矿藏。在月球岩土中，含丰富的氧、铁、镁、钙、硅、钛、钠、钾、锰等物质。此外，月球上有丰富的能源，尤其是月球上的氦－3是地球上所没有的核聚变反应的高效燃料。据估计，在月壤中氦－3的资源总量可以达到100万～500万吨，能够支持地球7000年的需电量。

月球岩石

促进深空探测

月球表面的引力只有地球表面的1/6，航天器如果从月球上起飞，可大大节省能源。月岩土壤中氧占40%，可以就地生产推进剂和作为受控生态环境和生命保障系统的氧气来源；硅占20%，可以为航天器制作太阳电池阵，其他金属可以为航天器制作各种部件设备，也可将月球做中转站，为过往的航天器进行检修和补充燃料。

进行天文观测和研究的平台

月球表面的地质构造极其稳定，月球直接承受太阳的辐射，没有大气层对光线和电波的吸收、散射和折射等干扰，没有尘埃污染，没有磁场，月球的背面没有人造光源和射电的干扰，地震很微小。同时，月球有漫长的黑夜，黑夜温度极低。这种环境为建造高精度天文观测台提供了理想的场所。

推动经济发展

开发月球，可以产生难以估量的经济效益，而且其他技术的二次开发应用，势必促进工业的发展与提升。

中国绕月探测工程总指挥栾恩杰对此做了精辟科学的说明，他对月球的探索、开发、利用分成了3个步骤进行解释。简单可用三个字概括，即"探、登、驻"。"探"就是探月，对未知的月球先要有所了解，探索掌握必备的信息；"登"就是登月，人类能够登陆到月球上去，近距离地接触月球资源并安全返回；"驻"就是驻月，指设备或人类能够短期或中长期驻扎在月球，实现对月球资源的开发或居住的梦想。其中，"探月"又可分为3个时期，即"绕"、"落"、"回"。一期"绕"就是发射一颗围绕月球转的卫星，在离月球表面200千米高度的月球极地轨道开展科学探测；二期"落"就是选准地方落到月球表面，利用月球巡视车进行探索工作；三期"回"就是采集一些样品返回地球。

月球是研究天文学、空间科学、地球科学、遥感科学、生命科学与材料科学的理想场所。

我们有理由相信，"嫦娥1"号卫星的探月成功，只是中国迈入深空探测的第一步。随着月球探测的开展，将有助于人类对月球、地球和太阳系起源及演化的研究，特别是对于月球科学中的一些基本问题，如月球的形成过程、月球的早期演化史、月球矿产的形成与分布特征、地—月系统的形成与演化、月球与地球及类地行星的比较研究以及它们各自的共性与特性等，只有通过新一轮的探测，才能获得较系统和深入的认识。

"嫦娥1"号成功升空

艰难的 4 个台阶

2003 年，中国继美国和前苏联之后，成为第三个用自己的火箭将人类送入太空的国家。

既然"神5"、"神6"都走了一趟回来了，"再加把劲儿不就到月球了吗?"很多人都这么想。

登月之前，我们还有"艰难的台阶"要去登，概括起来主要有 4 个台阶。

第一个艰难台阶——火箭运载能力

目前，我们的火箭送几吨重的东西到太空没问题，"长征"系列火箭现在最大载重 20 吨（美国宇航局制造中的"阿瑞斯1"号火箭预计运载力 125 吨）。能到达的距地球最远距离为 7 万千米，而月球距地球 38 万千米，让登月飞船要往返将近 80 千米的行程上，必须有更多燃料、更大推动力，光抵达月球轨道就要需要好几级火箭，以"长征 3"号甲目前的能力，恐怕是还不能完成这样的任务。正在研制的"长征 5"号的目标是 70 吨的运载能力，届时将能解决奔月的问题。

当飞过云的问题解决后，进入月球引力区时，要解决能及时踩"刹车"问题，"刹"晚了就会撞到月球上，而"刹"早了就会失控飘向太空。飞过去了，也刹住了。但选择正确的轨道也是难题之一，既不能碰着月球，也不能飞过去。

第二个台阶——观测和监控

飞往月球的探测器中途将有短时长信号与地球中断（即时入盲区），这时的飞行器会处于极度危险中。还有地球 24 小时自转 1 圈，月球 27 天绕地球公转 1 周。这时会发生中国国土所在的那部分地球转到背向月球的时候，怎么办？那时候不仅无法观测到探测器，连发送指令也不可能。这些问题是我们测控需要面对的问题。美国在解决测控时比我国容易，其在全球建了 3 座测控站：本土加州、澳大利亚堪培拉和西班牙马德里，每隔 120 度建 1 座，无论怎么转，总有一个站能观测到，除了这 3 个，它还有数座直径分别为 70 米、36 米和 26 米的接收天线，别说月球，连太阳系都能探测了。我国能用的测控站仅有 2 个：上海佘山一个、乌鲁木齐一个，接收天线直径都只有 25 米。要想解决 38.4 万千米的无线电波传送，目前还有困难。

合格的宇航服是探月必备装备

第三个台阶——服装

这也是最难的一个：探测卫星也好，航天员也好，都要穿上特殊"衣服"才可能探月、登月。这衣服得热的时候不热，冷的时候不冷。这衣服可不像咱们普通人穿着那么简单，卫星绕着月球转，月球绕着地球转，地球又带着月球和月球旁的卫星绕着太阳转，这么复杂的邻里关系造成的一个结果就是冷热变化巨大（相差600摄氏度），搞不好，不但卫星上所有设备会得"感冒"，宇航员也会面临巨大生命危险！现在杨利伟、费俊龙、聂海胜等航天员所穿的宇航服根本就满足不了月面上的要求。这个问题若不解决，中国的登月宇航员根本就不能在月球上生存。

第四个台阶——安全返回

让登月宇航员绝对安全返回更是不小的挑战。任何一个小小的失误都将导致致命的灾难。1969年7月16日，"阿波罗11"号载着3名美国宇航员第一次成功登月。但这个举世闻名的登月行动差一点毁于灾难：当宇航员结束2小时的月球的行走之后，竟然发现登月舱引擎开关没有合上。原来，在狭小的登月舱里，宇航服刮断了启动引擎的极为关键的一个电路开关。如果开关合不上，他们将永远留在月球上。当时尼克松总统准备了一份演讲稿："命运注定这些和平探索月球的人，永远安息在月球上。"这一"备用悼文"差点成为现实，万幸的是，宇航员用圆珠笔接通电源，成功化解危机，最终逃过劫难。

登月发射基地也是问题

中国将来的载人登月发射基地也是问题。卫星发射基地最理想的场所是海上或者海边，在运输和安全方面都有优势，现在西方的几个大国卫星发射基地大多数都临海，俄罗斯是没有办法才放在西伯利亚荒无人烟的地方。中国现在的3个发射场，都是特殊年代适应冷战需要和安全保密的产物。将来火箭大了，现有的三个发射场（包括西昌在内）都不能满足运输和发射安全方面的需要。中国已计划在海南岛建一个新的发射场，可用于载人登月的发射基地。但是，这个设想要变成现实还需要很长的时间。

人类登月事件表

时间（年）	事 件
1962	前苏联"火星1"号探测器飞越火星的尝试失败
1965	美国"水手4"号行星际探测器飞越火星，拍摄了21张照片
1965	前苏联发射"探测器2"号探测情况没有公布
1969	美国"水手4"号探测器发回75张照片
1969	美国"水手7"号探测器发回126张照片
1971	前苏联"火星2"号探测器在火星着陆，探测情况没有公布
1971	前苏联"火星3"号探测器在火星着陆并发回照片
1972	美国"水手9"号探测器沿着火星轨道飞行，发回7329张照片
1974	前苏联"火星5"号探测器沿着火星轨道飞行了数天
1974	前苏联"火星6"号和"火星7"号探测器在火星着陆，探测结果没有公布
1976	美国"海盗1"号和"海盗2"号探测器在火星着陆。发回了5万多张照片和大量的数据
1989	前苏联"福波斯1"号和"福波斯2"号探测器在前往火星的途中失踪
1993	美国"火星观察者"在预定即将到达火星轨道之前失踪
1996	俄罗斯"火星—96"航天器发射失败
1996	火星环球勘探者发射升空，1997年进入环绕火星的轨道
1998	美国发射火星气候探测器。1999年9月23日，探测器与地面失去联系
1999	美国发射火星极地着陆者探测器
2003	欧洲宇航局发射"火星快车"探测器

┉➤➤ **知识点**

中国三大卫星发射中心

酒泉卫星发射中心

中国酒泉卫星发射中心，隶属于中国人民解放军总装备部，主要承担运载火箭、卫星、飞船等各种航天器的发射试验任务，是中国建设最早、规模最大的综合发射场，被誉为"中国航天第一港"。

太原卫星发射中心

太原卫星发射中心始建于1967年。坐落于山西省的西北部，距离太原市284千米。太原航天发射场可以发射多种卫星，已成功发射了所有中国产的太阳同步轨道气象卫星和12颗美国的铱星。

西昌卫星发射中心

西昌卫星发射中心始建于1970年，隶属于中国人民解放军总装备部，是中国目前对外开放中规模最大、设备技术最先进、承揽外星发射任务最多、具备发射多型号卫星能力的新型航天器发射场。

接受挑战的中国人

关于中国载人登月的未来，有人曾做出了如下生动的描述："20年后，我们大家坐着'快船'型宇宙飞船来到了月球基地……由于月球上的引力比地球上的引力小很多，我们在种植园里见到了西瓜般大小的西红柿，微型轿车般大小的西瓜，棒球棍长短的黄瓜，一粒粒如足球大小的葡萄……"

中国将如何实现载人登月呢？根据中国科学家的计划设计，采用的方式是先用运载火箭将飞船送上地球轨道，随后，飞船自行移动至月球轨道，释放出登陆舱，降落在月球表面，宇航员登陆月球。活动完成后，宇航员返回登陆舱，飞离月球，与在月球轨道上等待的飞船重新对接，至此登月过程结束。

中国过去发射过各种地球轨道卫星，其中飞行最远的是"双星探测"卫星，飞行距离地球8万千米，而月球距离地球约38万千米，是地球同步轨道卫星距离地球的10倍，是"双星探测"卫星距离地球的5倍。发射月球探测卫星不仅要跨过这样远的距离，而且月球探测卫星飞往月球所面临的坏境，也和地球卫星有着明显的不同，是更加复杂和严酷。从地球到月球之间和在环月球轨道上的环境十分恶劣，对航天器的影响极大。卫星在这样的环境里运行，充满着未知数。对实施探月工程中国航天是一个巨大的挑战。中国的科研人员能否突破关键技术和难题，确保"嫦娥1"号卫星研制质量和可靠性，事关"嫦娥工程"的成败。

2004年"嫦娥"绕月探测工程正式立项，随即便开始了试制和工程研制，到2007年4月发射，在短短3年多的时间里，整个工程队伍坚持自主创新，刻苦攻关，先后突破了绕月探测工程各项技术难关，取得了全面的胜利。

无畏的攻关战

突破轨道设计与飞行程序控制关

"嫦娥1"号探月卫星飞行轨道与地球卫星飞行轨道不同，地球卫星飞行轨道只有椭圆轨道或圆轨道2种，而"嫦娥1"号月球探测卫星在飞向月球的过程中要经过调相轨道段、地月转移轨道段、月球捕获轨道，最终到达环月轨道，即要飞经4个不同轨道段。由于地球、月球和卫星都在运动，在地、月、卫星三体运动条件下及月球引力场的异常复杂性，使得"嫦娥1"号卫星的轨道设计，较以往的地球卫星轨道设计更为复杂。为了保证"嫦娥1"号顺利到达月球，在调相轨道阶段，要进行4次轨道调整，使"嫦娥1"号在预定的时间到达地月转移轨道的入口。在地月转移轨道飞行过程中，计划要进行1~2次轨道修正，消除误差，确保"嫦娥1"号能够准确到达月球附近，到达月球近旁后，还要经历3次轨道调整，使"嫦娥1"号从最初的双曲线轨道变为椭圆轨道，然后进一步缩小椭圆轨道的扁率，最终使"嫦娥1"号在一条高度为200千米、倾角为90°的圆形轨道上绕月飞行，并开展探测活动。在环绕月球运行过程中，还要考虑月球对"嫦娥1"号的遮挡，运行期间的光照条件及月食对"嫦娥1"号日常工作的影响等，此外，在轨道设计时还要考虑运载火箭、发射场、地面测控系统等方面的要求。

综合上述各约束条件，经过大量计算分析，并对其中的一些不利的结果加以甄别和排除，最终突破了轨道设计与飞行程序控制技术，使轨道设计达到了最优化，使"嫦娥1"号奔月飞行所需能量最少。

攻克三体定向关

地球卫星在轨道运行时只需同时完成对地和对日的二体定向，即卫星上的太阳翼对准太阳，保证获得足够的光照并产生足够的电能，而星上的通信或遥感装置对准地球表面，以便执行任务。"嫦娥1"号在环绕月球飞行过程中，要始终保持对日、地和月三体定向，即月球探测卫星太阳帆板对日，以保证获得足够的光照并产生足够的电能；"嫦娥1"号的探测目标是月球，因此卫星必须保证科

"嫦娥1"号进入绕月轨道

学探测仪器对准月球表面；为了将获取的科学数据送回地球，"嫦娥1"号在环绕月球飞行的过程中还应将定向天线对准地球，在限定的时间内将"嫦娥1"号自身工作状态信息和科学载荷的输出结果发回地球。上述条件只要有一个对不上就很难工作。由于地球、太阳和月球的空间关系随时都在发生变化，而且比较复杂，给三体定向带来很多困难。

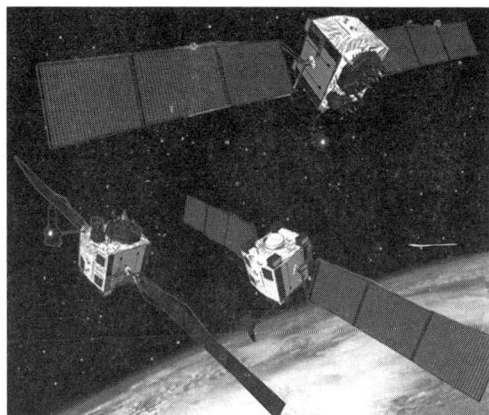

卫星上的太阳能帆板必须对着太阳

为使"嫦娥1"号上的科学探测仪器始终对准月球表面进行连续探测，首先要解决观察月球的"眼睛"，即采用什么样的敏感器。地球卫星对地球的定向，采用技术成熟的红外地球敏感器，但这种敏感器并不能应用月球探测上，因为月球没有大气层，也就没有稳定的红外辐射带，因此红外敏感器虽然技术成熟，但在月球探测

上派不上用场。月球有稳定的紫外辐射，我国经过攻关自主研发了紫外月球敏感器作为"眼睛"观察月球，同时采取三轴稳定的姿态控制方式，保证了星体上安装的科学探测仪器的一面，始终朝向月球。为保证太阳能帆板对日，采用了一种特制的驱动机构，它能带动太阳帆板实现360度的转动，利用太阳帆板上的敏感器来捕获太阳的方位，然后不断控制驱动机构一直保持太阳能帆板获得最佳的太阳光入射角，从而为"嫦娥1"号提供充足的能源。为了使"嫦娥1"号的定向天线一直对准地球，我国研制的定向天线双轴驱动机构，它可在半球空间内实现高精度指向定位要求，从而使定向天线始终对准地球。同时还采取提高卫星控制、制导与导航分系统可靠性等手段，确保了三体定向及精度要求。

突破空间环境关

"嫦娥1"号卫星在奔月飞行中，面临着严酷的空间辐射和冷热环境的考验。

空间辐射环境主要有4个因素：①地球辐射带中俘获的电子和质子。②银河宇宙射线，即指来自太阳系以外的银河系的高能粒子。③太阳宇宙线，是指太阳表面的活动区喷射出来的高能粒子流。太阳宇宙线发生是随机的，一般持续几天时间，在太阳活动峰年出现频繁会更高。④太阳风的低能带电粒子。这样的空间辐射环境会对"嫦娥1"号飞行和工作造成不利影响，尤其是月球又无磁场屏蔽作用，银河宇宙射线、太阳耀斑爆发产生的太阳宇宙射线，会直接作用到环月飞行的卫星上，银河宇宙射线和太阳宇宙射线都可能会引发高能单粒子的破坏事件，使星内电子设备发生故障。我国科研人员经过在防护方面的攻关取得成果，保证了"嫦娥1"号能够在复杂的空间辐射环境下正常工作。

月球环境温差特别大，白天太阳光直射的地方，最高温度可达130摄氏度左右，而背向太阳的一面则为-150摄氏度以下左右，卫星127分钟绕月球飞行一圈，一半时间有阳光照射，一半时间笼罩在黑暗中，并不断地重复，而所有探测仪器必须保持在±40摄氏度范围内工作，否则会有损坏的危险。因此，"嫦娥1"号对温度控制要求特别高，这个难题通过采用新材料和新技术得到了很好的解决。

突破深空测控通信关

深空测控，一般来讲是指地面通过无线电手段对飞往月球以远的卫星进行跟踪、遥测和遥控的简称。

我国现有的航天测控网只适应 36000 千米以下的各类地球卫星和载人航天任务，而地球与月球间平均距离达 38 万千米，这对我国的探月测控系统提出了挑战：①通信距离远，信号衰减大，比同样发射功率的地球同步轨道卫星信号减弱了 127 倍；②通信单程时延大大增加，无法实时通信，因为电磁波的传输速度为 30 万千米/秒，从地球至月球单程需要 1.3 秒，相当于我们说完话 1.3 秒后，对方才能听见，这种时延造成了在探月过程中，很难做到实时响应；③无法对绕月探测器进行连续观测，这是因为在我国国土上最多只能连续观测 10 小时，不能实现全天时的观测；④提高测量精度有极大难度，对航天器的轨道测量包括测角、测距和测速，最终确定航天器的准确位置，但依靠一个测控站来测量轨道时，很难提高测角的精度，而且随目标距离增大，引起的位置误差也增大等。

当时测控系统成了制约整个探月工程的瓶颈。我国航天科学家经过充分论证，提出了在采用我国航天测控网的基础上，利用上海天文台佘山站、国家天文台北京密云站和云南昆明天文台射电望远镜的观测能力，让天文台甚长基线干涉天文测量网系统进行辅助测量，以提高测量精度的方案。与此同时我国一线的航天科研人员通过技术攻关和加强国际合作等措施，在很短的时间就解决了所有技术难题，从而满足了"嫦娥1"号月球探测器的深空测控要求。

上海天文台佘山站

应对月食

"嫦娥1"号环绕月球飞行的1年时间里，要遇到2次月食。一次全月食，时间约5小时；另一次半月食，时间约3.5小时。月食期间地球挡住太阳光，如果没有阳光，太阳电池帆板不能供电，然而卫星里为了保证足够的温度需要继续供电，为此科研人员对"嫦娥1"号在遇到月食时如何保证卫星仪器正常工作，进行了深入研究，想了很多对策。

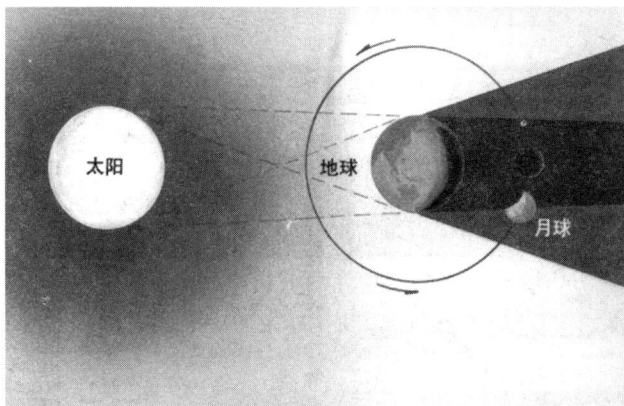

月食示意图

月食是月球进入地球影子时发生的现象，地球的影子有本影、半影之分。当月球的一部分进入本影时，发生月偏食，当月球全部进入本影时，就是月全食。

在半影区域内，太阳辐射强度变渐变弱，当太阳辐射强度还比较大时，太阳能电池仍能部分供电。这时星上各系统仪器、设备采取设置为最小功耗模式；当卫星进入本影区时。也就是在月全食阶段，太阳能电池停止供电，这时卫星转为由蓄电池组单独供电；在月食阶段，为消除月食阴影和正常轨道阴影的叠加效应，缩短月食阴影时间，"嫦娥1"号在进入月食前需进行调整其在轨道上的相位，使其不产生阴影的叠加；月食期间环境温度会骤然下降，当"嫦娥1"号离开月食本影后，及时调高热控制分系统的补偿加热功率，以保证卫星各部位尽快回温。经过采取上述一系列措施，保证了"嫦娥1"号安全地渡过了月食的影响。

"嫦娥"升空

凉山州首府西昌位于四川省西南部，自古人们在西昌就能经常观赏到分外明亮皎洁的月亮，故西昌又称"月城"，而今它又亲送"嫦娥1"号奔向遥远的月球。

驰名中外的西昌卫星发射中心

西昌卫星发射中心，它组建于1970年，是中国三大卫星发射中心之一。主要用于发射地球同步轨道卫星，是我国对外开放最早、承担外星发射最多、综合发射能力较强的卫星发射中心，也是我国实施探月工程的首选航天发射场。经过30多年不断发展建设，建成了自成体系、配套完善的测试发射、测量控制、通信、气象和勤务保障等5大系统。目前，该中心能发射中国自行研制的"长征3"号甲、"长征3"号乙等5种大型运载火箭。是探月工程一期、二期的发射场。西昌卫星发射中心具有独特的地理优势，坐落在东经102度、北纬28度，所处纬度低，可以充分利用地球自转的附加速度，节省运载工具的能量消耗。

我国西昌卫星发射中心

发射中心由6个分系统组成，它们分别是测试发射、指挥、测量控制、通信、气象和技术勤务分系统。发射部分由发射塔架、发射台、发射控制室、电源间、瞄准间、污水处理系统等组成。为发射"嫦娥1"号新建的3号发射工位，设备与功能先进，发射塔架雄伟壮观，共13层，高85.5米。

发射前的准备

卫星发射是一项复杂的系统工程，需要各系统密切配合、协同工作。从火箭、卫星运抵发射场到发射升空，一般需要 40 天左右的时间。经过一系列复杂流程，对星箭进行测试直至发射。考虑到探月工程是我国首次将航天器送入 38 万千米的外太空，为确保成功，"嫦娥 1"号卫星的发射准备时间相对更长一些。

2007 年 8 月 19 日，"嫦娥 1"号卫星运抵发射场区，拉开了奔月的序幕。

发射场区由技术区和发射区两部分组成。技术区包括火箭测试大厅、卫星测试大厅。火箭测试大厅和卫星测试大厅装有大功率空气调节器和净化器，可根据测试的需要随意调节温度和湿度。良好的测试环境和先进的技术设备可以同时对 2 颗不同型号的火箭、卫星进行装配和测试。

"嫦娥 1"号卫星运到中心后，先在技术区进行严格的测试，确保星上设备与地面设备匹配，同时解决测试中出现的问题。经测试合格后，对卫星实施推进剂加注，以满足卫星上天后的轨道、姿态控制和卫星正常运行的动力需要。

"长征 3"号运载火箭

"长征 3"号甲火箭经铁路运抵西昌卫星发射中心后，为确保火箭上单元仪器的可靠性，首先在技术区进行单元测试，经测试合格后转往发射区进行起竖、吊装、对接，并经过分系统匹配测试、四次总检查，以检验箭上设备与地面设备的匹配性，保障火箭无故障升空。

"长征 3"号甲火箭和"嫦娥 1"号卫星转往发射区后，科研人员在星箭对接的区域形成大封闭环境，达到卫星对温度、湿度和空气洁净度的要求后，进行星箭对接。

"长征 3"号甲火箭与卫星在发射区测试合格后，视天气情况，再根据卫星的入轨窗口，决定是否加注燃料，待命发射。

金牌火箭"长征 3"号甲

"长征 3"号甲（简称"长 3 甲"）是一种技术先进而成熟的运载火箭，素有"金牌火箭"的美誉，自 1994 年 2 月 8 日首次发射以来，已经进行了 14 次发射，成功地将 14 颗卫星送入所要求的地球同步转移轨道，100% 取得成功。

"长征 3 号甲"火箭从一开始研制就制定了较高的技术指标。为了实现这个指标，科研工作者提出 100 余项新技术项目，其中重点新技术项目总数为 41 项；重大技术关键目有 4 项，即人推力氢氧发动机、陀螺四轴平台技术、玲氢加温增压系统、低温氢气

金牌火箭"长征 3"号甲

能源双向摇摆伺服机构。这些新技术不但代表着当时国内的最高水平，许多项目还赶上或超过了世界航天大国的技术水平。这次为发射"嫦娥 1"号卫星，"长 3 甲"运载火箭进行了多项适应性改进，特别是在可靠性工程上下了大功夫，多项关键环节采取了冗余设计等。

"长 3 甲"共有 3 级，火箭全长 52.52 米。最大直径 3.35 米，起飞推力 2961 千牛，第三级采用新型液氧液氢火箭发动机。"嫦娥 1"号卫星安装在火箭的最上面，外面有整流罩保护，用支架与火箭捆绑在一起。

发射窗口仅 35 分钟

发射窗口是指航天器允许火箭发射的时间范围，它是根据航天器本身的要求及外部多种限制条件经综合分析计算后确定的，其范围的大小叫做发射窗口的宽度。

根据地月的运动规律，"嫦娥1"号卫星每月只有1到2次的发射机会。考虑到轨道光照条件对探测器电源系统的影响，将进一步限制上述发射机会的时间。对应于每次发射机会的发射轨道，"嫦娥1"号初始环月姿态、轨道光照条件以及测控条件均不同。经过对2007年所有的发射机会进行分析之后，最终选择2007年10月作为首选发射时机。

对于所选的月球探测卫星进入地月转移轨道的日期，对应的进入轨道的时刻是唯一的。如果推迟进入轨道的时刻，带来的问题是额外增加中途修正的速度增量，这将使发动机消耗更多的能量。因此发射时刻可延迟多少，即发射窗口的大小，取决于中途修正速度增量的允许范围。

根据轨道设计的分析结果，"嫦娥1"号卫星一年中的每个月有连续3天的发射窗口，但这3天中也不是任何时候都能发射，每天仅仅在特定的35分钟内能够发射。

为加大卫星入轨成功率，西昌卫星发射中心科研人员自加砝码，主动提出了"零窗口"的发射目标，即在预先计算好发射时间，分秒不差地将火箭点火升空。

准时起飞，准确入轨

发射前最后一项重要工作是给火箭加注燃料，首先加注的是一、二级火箭的常规推进剂，然后在发射前7小时加注三级火箭液氢、液氧低温推进剂，在所有临射前检查结束后，火箭、卫星、地面设备都工作正常，才进入发射前的倒计时。

"10，9，8，7，……""点火"，指挥员下达了"点火"口令。

2007年10月24日18时05分，"长3甲"运载火箭准时点火起飞，大地轰鸣，烈焰四起，我国探月工程的首颗卫星"嫦娥1"号从发射中心3号发射塔架拔地而起，印在火箭身躯上的"中国航天"四个大字和整流罩上的五星红旗以及中国探月标志格外醒目。火箭一级使火箭克服地球引力和空气阻力的巨大影响，冲出稠密大气层，向东偏南方向飞行。当火箭飞行约148秒，便上升到离地球约60千米的高度，此时一级火箭关机并脱落，接着火箭二级点火开始工作，火箭继续爬高，并进一步提高火箭的飞行速度，飞行95.3秒后，飞行高度超过 120 千米。此时，火箭已完全冲出大气层，控制系统发出卫星整流罩分离的命令，用来保护"嫦娥1"号探月卫星免受气流冲刷的卫星整流罩被抛掉，二级火箭关机并与三级火箭分离，三级火箭点火工作，最终将卫星送入一条近地点 205 千米、远地点 50930 千米的大椭圆轨道，称初始轨道。从火箭点火起飞到卫星与运载火箭分离，历时 24 分钟，至此"长3甲"运载火箭完成了运送卫星的任务，以后"嫦娥1"号卫星将依靠自身携带的发动机进行奔月征程。

"长3甲"火箭点火发射

> **知识点**

"长征3"号甲运载火箭六大系统

1. 箭体结构，是火箭的主体。

2. 控制系统，是火箭的大脑。由计算机、平台、分离机构等组成，由设计师事先设计好发射程序。

3. 动力系统，由发动机、燃料箱等组成，是火箭的动力源。

4. 遥测系统，是将工作参数和监测数据由无线电传回地面的系统。

5. 外侧安全系统，是火箭出现故障，地面无法操纵火箭的时候，进行空中自毁的系统。

6. 低温推进剂利用系统，是合理调控燃料混合比，有效利用燃料的系统。

崎岖奔月路

"嫦娥 1"号不是笔直地飞向月球，而是经过 4 种不同的轨道飞行以之后飞近月球的。这 4 种不同的轨道是：调相轨道、地月转移轨道、月球捕获轨道和环月工作轨道。

调相轨道

在环绕地球飞行的调相轨道阶段，"嫦娥 1"号卫星通过 4 次变轨（一次远地点变轨，3 次近地点变轨）使其达到进入地月转移轨道前的各项飞行参数要求。

2007 年 10 月 24 日，"长 3 甲"运载火箭将"嫦娥 1"号送入初始轨道后星箭分离，10 月 25 日 17 时"嫦娥 1"号利用自身的推进系统首先进行一次远地点变轨，将环绕地球的大椭圆轨道的近地点从 205 千米提高到约 600 千米。远地点仍为 509300 千米，轨道周期为 16 小时，然后按程序完成了太阳帆板展开和定向天线展开。10 月 26 日 17 时"嫦娥 1"号卫星实施第二次变轨。这是卫星的第一次近地点变轨，"嫦娥 1"号卫星第二次变轨后，进入了 24 小时周期轨道。远地点高度由 5 万多千米提高到 7 万多千米。

10 月 29 日和 31 日分别进行了第二次和第三次近地点变轨。第二次近地点变轨，卫星远地点高度由 7 万余千米提高到 12 万余千米，进入绕地飞行 48 小时周期轨道，第三次近地点变轨，卫星远地点高度由 12 万余千米提高到 37 万余千米。第三次近地点变轨后，"嫦娥 1"号便进入地月转移轨道，正式踏上奔月征程。

地月转移轨道

地月转移轨道又称奔月轨道。经过调相轨道阶段的 4 次变轨后，"嫦娥 1"号即进入飞向月球的 114 小时的地月转移轨道。

"嫦娥 1"号进入地月转移轨道入口的时机以及运动状态，特别是位置和速度，包括速度的大小和方向非常重要，如果时机不对，无法和月球相会：

如果速度过大，将无法进入月球引力作用的范围；如果速度过小，将无法摆脱地球引力场的束缚到达月球。因此，经过调相轨道运动之后，"嫦娥1"号必须达到事先经过仔细设计和审核的位置，并具备所要求的速度大小和方向，才能沿着地月转移轨道到达月球。为保证"嫦娥1"号按预定的轨道飞行，在飞行过程中，设计规定还要进行 2~3 次轨道修正。但由于运行轨道精度高，在"嫦娥1"号的实际飞行过程中一次修正也没用上。

月球捕获轨道

"嫦娥1"号进入半径为 6 万千米以内的月球引力影响区时，起主导作用的是月球引力，而不是地球引力。这时，飞行轨迹完全变化，由围绕地球的椭圆轨迹，变成围绕月球的双曲线轨道运动。11 月 5 日，地面控制中心对"嫦娥1"号进行了 3 次近月点制动减速，最终"嫦娥1"号顺利完成了被月球捕获。

环月工作轨道

"嫦娥1"号进入环月工作轨道后，从科学探测需要考虑，要尽可能地对全月面进行探测，特别是对月球南北两极的探测，因此，环月工作轨道选择极月轨道，即轨道相对月球赤道的倾角为 90 度。"嫦娥1"号的环月工作轨道面垂直于月球的赤道面，环月工作轨道高度约为 200 千米，运行周期约为 127 分钟，在这个轨道上，卫星对月球进行科学探测。

深空测控为"嫦娥1"号保驾护航

测控与航天器的关系，可以用"放风筝"来比喻。这里"风筝"是指航天器，"风筝线"则指无线电测控和通信系统。航天器发射后，测控通信系统便成了与航天器联络的唯一手段，也是保障航天器正常飞行的重要手段。

我国"嫦娥工程"一期绕月探测工程的测控通信系统，是立足现有的航天测控网，通过适当的技术改造。便已能满足"嫦娥1"号月球探测器各飞行阶段的遥测、遥控、轨道测量和导航任务的需要。这个航天测控网由南宁站、厦门站、闽西站、长春站、喀什站、渭南站、青岛站、东风站、纳米比

喀什站天线

亚站、卡拉奇站，以及"远望1～4"号四艘测量船组成，形成了我国的一个高精度测量带。在承担航天测量任务时，可根据航天器不同飞行阶段的要求，分别选择不同的站来完成测控任务。

"嫦娥1"号的测控分几段进行，发射段的测控与西昌发射地球同步轨道卫星相似，测控方案成熟，发射入轨后，使用现有的航天测控网和甚长基线干涉天文测量网实现调相轨道、地月转移轨道、绕月轨道的测控通信。"嫦娥1"号探测器的全向天线具备在任何条件下与地面测控系统通信联系的能力，保证地面始终对探测器进行有效的测控。

为完成地月转移轨道段和绕月轨道段探测器测控的任务，采用航天测控网3台12米天线作为骨干设备，绕月轨道运行阶段的长期测控管理工作，由西安卫星测控中心承担，用甚长基线干涉天文测量网系统进行配合。至此，深空测控系统全面保证了"嫦娥1"号从起飞、奔月到绕月，在4种不同轨道上正常、稳定地飞行。

●┈┉➤ 知识点

卫星变轨

卫星在轨期间自主改变运行轨道的过程称为变轨。卫星轨道是椭圆，节省发射火箭燃料的方法，可以先发射到大椭圆轨道，卫星处于远地点的时候，卫星上面的姿态调整火箭点火，这样卫星的轨道变成需要的高度。变轨可以多次，这就需要精确计算卫星变轨的时间，由地面指令控制。

"嫦娥"探月

科学探测仪器

"嫦娥1"号携带了8种24件科学探测仪器,有效载荷重130千克。它们是CCD立体相机、激光高度计、干涉成像光谱仪、γ射线谱仪、X射线谱仪、微波探测仪、太阳高能粒子探测器和太阳风离子探测器。

上述有效载荷不但能够保证绕月球探测工程科学目标的实现,而且能够部分地用于后续的月球探测计划,并为以后的火星等其他天体的探测打下良好的基础。

4大科学探测目标

在环月飞行期间,对月球进行为期1年的环月探测,完成4大科学探测目标。

绘制月球立体地图

月球的地图以前国外已经做过很多,但有很多缺陷。例如,月球上南北纬70°以上高纬度的地方,由于太阳光是斜照的,照相机拍的效果差一些,所以做得不是太好;还有,南北极的地图也没有完全覆盖,而且大多不是立体图。"嫦娥1"号要完成一个覆盖全月高级别的月球表面三维立体影像,以及观测月球的地形地貌,"嫦娥1"号卫星是利用CCD立体相机和激光高度计两者结合来实现的。

"嫦娥1"号卫星的有效载荷要求控制在140千克以下,因此探测仪器要做得小、轻而且精。一般说来,立体影像是由2台或者3台相机从不同的角度拍摄而成,如日本的"月亮女神"月球探测器就是用2台相机从前后两个视角观测月球表面。而"嫦娥1"号卫星的相机设计很巧妙,只用了1台相机。其巧妙之处在于,利用一片面阵CCD组成了这台相机的电子"底片",在卫星飞行过程中每次只取CCD面阵中的前、中、后3行像素的信号,相机在随卫星的飞行的过程中，对月球表面进行"逐行扫描"，就会获得星下点、前视17度、后视17度三个视角形成的三幅二维原始图像数据，经过三维重构后，月球表面三维立体影像就被再现出来。

激光高度计完全是自主创新的探测仪器，分辨率较高，CCD相机只能在月球表面有光照的情况下获取月表图像，而激光高度计则不受这个限制，在月球背阳面也能照常工作。当探测获得的点积累得足够多时，一张包括月球南北极的全月球的地表数字立体图像就出炉了。

探测月球资源

月球上有很多元素对地球人类的将来是非常有用的，通过探测可以了解，哪些东西是可能对地球人类有价值，这些东西有多少，哪里比较富集等。美国利用1998年发射的月球"勘探者"探测器，探测过5种元素（铁、钛、铀、钍、钾）在全月球上的分布。而"嫦娥1"号探月卫星要做14种元素的全月球分布探测。这样，我们就能更清楚地知道月球上的资源有哪些，以及这些资源的分布情况。

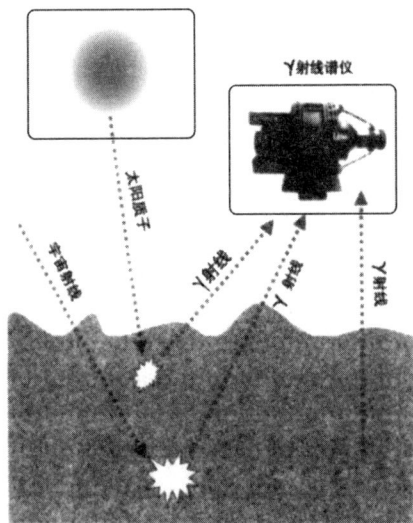

γ 射线仪工作示意图

"嫦娥1"号探测月球资源是利用干涉成像光谱仪、γ射线谱仪和X射线谱仪3项探测仪器完成的。

月球表面物质的原子受到宇宙射线粒子的轰击后，会激发出各具特征的X射线和γ射线。一些天然放射性元素不用宇宙射线的激发，自身就能发射X射线或γ射线。通过γ射线谱仪测量γ谱线的能量和通量，专家可以推导出月球表面元素的种类和蕴含程度。

但X射线谱仪和γ射线谱仪只能探测月球表面含有的元素，并不知道这些元素形成了哪些矿物质，这项任务由干涉成像光谱仪来完成。由于不同的矿物质能吸收不同的光波，干涉成像光谱仪就根据这个特征判断岩石的种类。

探测月球土壤层厚度

地球上的石油、天然气、煤炭等能源迟早要耗尽，人类渴望获得一种新的能源。氦－3是可控核聚变发电的重要燃料，据估算只需要100多吨氦－3，就能满足全世界1年的用电量。地球上的氦－3资源严重匮乏，而在月球上的资源却很丰富。通过探测全月球月壤层的厚度，可反演出月球氦－3的资源量和分布。

为了探测月球土壤的厚度和氦－3的资源储量，"嫦娥1"号上搭载了一台微波探测仪，用以实施对月面细致深入的探测，对探测发回的数据进行反演和解析，从而估算出全月球的土壤厚度。

任何温度高于绝对零度（即－273摄氏度）的物体都会产生微波辐射能量。利用不同频率的微波信号穿透月球表面物质的能力区别，便可获取月壤的厚度信息。"嫦娥1"号卫星上的微波探测仪被设计成多频微波辐射计，选择的探测频率有3.0吉赫、7.8吉

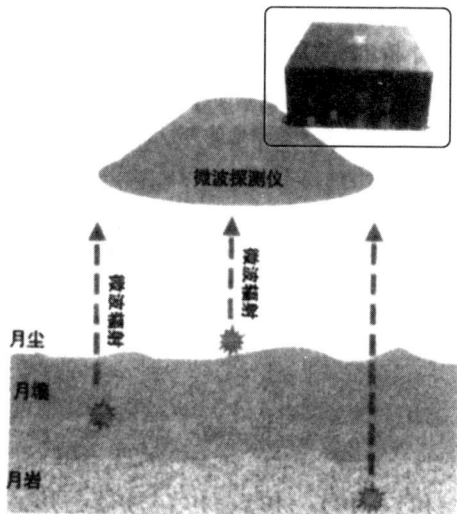

微波探测仪工作示意图

赫、19.35吉赫和37.0吉赫。微波的频率越高，其穿透能力越低，如37.0吉赫，反映的仅仅是月球的表面微波辐射，而3.0吉赫这个波段穿透能力较强，能反映月表深处月岩和月壤辐射的能量。利用测得的月表不同波段的微波辐射能量信息，专家就能分析出月壤的厚度。

土壤不如岩石那样坚硬，比较松散，也便于加工成各种形状的建筑材料，也容易提取其中的各种资源。因此，月球上土壤厚度的估算，对以后选择在

哪个地区建立月球基地也十分重要。

探测地月空间环境

这是我国首次探测距离地球 38 万千米范围内的日、地、月空间环境，是一项重要的基础性的工作。通过探测太阳宇宙线高能带电粒子和太阳风等离子体，其探测结果能够获得空间环境变化的主要参数，提供相关的日、地、月空间环境信息，研究太阳风和月球以及磁尾和月球的相互作用，对深入认识这些空间物理现象对地球空间以及对月球空间的影响有深远的科学及工程意义。"嫦娥 1"号采用搭载的太阳高能粒子探测器和太阳风离子探测器对地月空间环境进行探测。

弥漫于太阳系的太阳风示意图

宇宙充满了各种射线，太阳每时每刻都在向外发射高能粒子、太阳风。地球由于有一层厚厚的大气层环绕在周围，地球上的万物生灵的脆弱生命才得以延续。地球外围的太阳风，在地球磁场的作用下完全变形，所以，科学家在地球上测到的太阳风都受到了地球环境的影响。月球虽然绕地球运转，但受地球磁场的影响极弱，那里直接受太阳风的冲击。从月球探测的长远目标来看，人最终要在月球上开展活动，摸清月球上辐射的情况，有利于采取有效措施保护航天员的生命和身体健康。

知识点

激光高度计

激光高度计指利用激光测量卫星距地面高度的仪器。激光高度计的主要工作方式是利用计算发射和接收到激光的时间差来进行距离的测量。它以其高精确度、高分辨率和很好的独立性而得到科学家和工程师们的青睐，并被广泛地应用于遥感、航空航天等领域。

来自月球的信息

把探测信息传回地球

时地把探测信息传回地球，是通过"嫦娥1"号卫星上有效载荷数据管理系统实现的。

有效载荷数据管理系统，是卫星上整个有效载荷的管理和控制中心，担负着有效载荷探测的数据采集、数据存储和数据传输的任务。通过有效载荷数据管理分系统将光学成像系统、激光高度计、γ/X 射线谱仪、微波探测仪、空间环境探测设备等有效载荷有机地集成到一起。

在"嫦娥1"号处于地面站接收范围以外时，有效载荷数据管理系统所收集和接收的上述数据和参数存储于大容量存储器里；当"嫦娥1"号处于地面站接收范围内时，存储器中的数据与实时收集、接收的数据，立即传输提供星上数据发射机，然后发送给地球。"嫦娥1"号卫星的数据传输天线有 2 个，一个叫定向天线，它的指定方就是地球；另一个叫全向天线，是没有固定指向的天线。

地面应用系统数据接收示意图

由于"嫦娥1"号卫星工作在38万千米之外，因此无线电信号的衰减量大，传输的时间延迟长，地面能够接收到数据的地域覆盖率低。现有的卫星地面接收天线和信道设备都是针对人造地球卫星建立的，无法直接用于完成"嫦娥1"号卫星的数据接收任务。因此，需要大口径天线和特殊的接收设备。为了能够接收从遥远的"嫦娥1"号卫星上传来的数据，我国建设了2座国内最先进的深空探测地面站：北京密云50米天线地面站和云南昆明40米天线地面站。两个大天线像两只巨大的天眼，注意着"嫦娥1"号的一举一动，把从"嫦娥1"号传送来的所有信息接收下来。

通过天线接收下来的信息，是一些二进制的数据，所以要进行数据的预先处理，把这些二进制数据转换成能够被广大科学家使用的图像、谱线等数据，即按照预先设定的程序自动生产出合格的数据产品。但这些产品还不能成为公众所能理解的成果，需要对这些数据产品进行"深加工"，加工成能够很直观地反映月球表面各种特征的图件，例如月球影像图、岩石类型分布图等。

公布探测成果

2007年11月26日，国家航天局公布了"嫦娥1"号拍摄的第一张月球图像，该图像是位于月球东经83度到东经57度，南纬70度到南纬54度，宽280千米，长460千米月面的图像。

"嫦娥1"号卫星自2007年10月24日发射到2008年11月，已完成一年的在轨运行和探测任务，获得了大量科学探测数据，科研人员利用星载CCD立体相机获取的探测数据，制作完成了我国首幅全月球影像图。这幅来自中国月境真实影像，由"嫦娥1"号卫星拍摄的589轨图像数据处理完成，覆盖了月球从西经180度到东经180度，南北纬90度之间的范围，这是目前世界上已公布的最为清晰、完整的月球影像图。在完成第一幅全月球影像图的基础上，用轨道参数和控制点制作全月球三维图的工作也正在开展之中。

中间的探月工程分为3期完成，突破"绕、落、回"三大关键技术。

2008年11月12日，国家国防科技工业局在北京举办了绕月探测工程全月球影像图发布与科学数据交接仪式。"嫦娥1"号获得的第一批科学探测数据，正式向有关科研单位和高等院校移交，而这幅珍贵的全月球影像图，入藏国家博物馆。

"嫦娥工程"的未来

"嫦娥1"号月球探测卫星可以拍照到南北纬75度，比美国的多5度。它将利用一个耗能极小的激光高度计配合CCD立体相机来拍摄月球的三维立体图像。有了月图，就能精细划分月球表面的基本构造和单元地貌，为日后中国月面着陆探测器在月球上软着陆选址提供基础资料。

"嫦娥工程"的第二期"落月工程"预计在2012年发射月球软着陆器，软着陆器将携带月球车，在月球表面选择新区降落，进行月面巡视勘察，并开展月基天文观测，为月球基地的选择提供基础数据。

三期工程要实现探测器在月面采集样品，并将样品带回地球进行分析研究，深

"嫦娥工程"的第二期"落月工程"示意图

化对地月系统的起源与演化的认识，获取更详尽的月球信息。第三阶段将从2017年开始，在这个阶段，将有机器人被送到月球上，从月球表面带回物质样品。

由于无人的空间天文观测只能依靠事先设计的观测模式自动进行，非常被动，如果在月球表面上建立月基天文台，就能化被动为主动，大大提高观测精度。"阿波罗16"号登月时宇航员在月面上拍摄的大麦哲伦星云照片表明，月面是理想的天文观测场所。建立月基天文台具有以下优点：

月球上具有高度真空、低重力的特殊环境；

月球为天文望远镜提供了一个稳定、坚固和巨大的观测平台，在月球上观测只需极简单的跟踪系统；

月震活动与地震活动相比，月震要少得多，这一点对于在月面上建立几十千米至数百千米的长基线射电、光学和红外干涉系统是很有利的；

月球表面上的重力只有地球表面重力的1/6，这会给天文台的建造带来方便。另外，在地球上所有影响天文观测的因素，比如大气折射、散射和吸收、无线电干扰等，在月球上均不存在。

美国、欧洲和日本都计划在未来的几年内再次登月并在月球上建立永久居住区，可以预料，人类在月球上建立永久性基地后，建立月基天文台是必然的。

"嫦娥工程"的第二期"落月工程"的月球探测卫星将利用一个能耗极小的激光高度计配合 CCD 立体相机来拍摄月球的三维立体图像。有了月图，就能精细划分月球表面的基本构造和地貌单元，为日后中国月面着陆探测器在月球上软着陆选址提供基础资料。

"嫦娥工程"的第二期"落月工程"预计在 2012 年发射月球软着陆器，进行月面巡视勘察，并开展月基天文观测，为月球基地的选择提基础数据。在"落月工程"中，我国将使用空间光学望远镜、紫外相机、低频射电设备等在月球上进行天文观测，以探寻太阳系外行星。

"嫦娥工程"的三期工程，要实现探测器在月面采集样品，并将样品带回地球进行分析研究，深化对地月系统的起源与演化的认识，获取更详尽的月球信息。

开发月球的设想

KAIFA YUEQIU DE SHEXIANG

　　大量研究表明，月球有丰富的矿产资源。月球虽然环境恶劣，但也有独特的优点：引力很小，在那里建造发射场向空间发射载荷，成本很低；没有大气，在那里建造天文台能看得更远、更清楚；在那里建造太阳能发电站效率高；月球有丰富的矿藏，能造福人类……总之，月球有巨大的开发价值。

　　早在1970年，美国宇航局制定了一个庞大的月球基地计划。80年代末期，国际宇航科学院认为，人类全面征服月球的时机已经到来。他们建议在今后的25年内，在月球上建立一个永久的生活区和工作站。这个基地将是一个生活区，同时也是一个科研站、天文台和生产基地。遗憾的是，这一计划并没有成为现实。

　　当人类进入21世纪的时候，人们征服月球的愿望依旧是那么强烈，而且月球基地建设和月球资源开发的序幕已经徐徐拉开……

月球能源的开发设想

在地球上，由于人口越来越多，能源危机也日益严重。因此，有人提出了把月球建成能源基地的设想。这种能源基地不但能为人类的月球基地提供动力，还可以为地球人谋福利。

20世纪80年代初，曾有一批美国科学家提出了一个月球采矿方案。他们建议先把重约60吨的自动化机械设备送上月球，其中包括一台小型电磁采矿设备，一台能从月球上开采出来的矿石中加工提炼出硅的设备，一台能把硅制造、装配成太阳能电池的设备，还有一台能生产更多上述自动化设备的"母机"。这台"母机"可以利用太阳能电池提供的能源和采矿机械提供的原料，制造出第二代、第三代采矿机械和太阳能电池，扩大再生产。据他们估算，实现这一计划约需要50亿美元，是"阿波罗"登月计划的1/5。

在利用月球能源的问题上，科学家们一致认为，未来月球探测与研究将重点朝向4个目标：①月球能源的全球分布与利用方案研究；②月球矿产资源的全球分布和利用方案研究；③月球特殊空间环境资源（超高真空、无大气活动、无磁场、地质构造稳定、弱重力、无污染）的开发利用；④建立月球基地的优选位置、建设方案与实施研究。

永久性月球基地想象图

科学家们还认为，世界各国应该联合起来，在最近二三十年内联合建立永久性月球基地，开发和利用月球，为人类的可持续发展服务。

月球是人类共同的财富，探索宇宙是人类共同的愿望，它将为全人类带来幸福。正如第二个登上月球的美国航天员奥尔德林所说："对于那些在悠悠转动的地球上仰望夜空的人，月亮都匀洒银光，绝不厚此薄彼。因此，我们希望，太空探索的成果也将由大家分享，从而给整个人类带来和谐的影响。"

开发月球太阳能资源

射向地球的太阳能，约有 1/3 被地球的大气反射到太空中，剩下不到 2/3 还要遭受地球大气的散射和吸收等，能够到达地球表面的只是一小部分；月球则不同，表面没有大气，太阳辐射可以长驱直入，每年到达月球范围内的太阳光辐射能量，大约为 12 万亿千瓦。

科学家设想在月球上建立一个极其巨大的太阳能光伏电池阵，由它来聚集大量的阳光发电，然后将产生的电能以微波形式传输到地球上。为了解决微波束发散角比较大，地面的接收天线难以接收的问题，可以使用微波激射技术（微波激射又称脉冲，它的波束不发散）。

设想中的月球太阳能光伏电池阵

月球上的一个白天和黑天各持续时间约为地球上的 2 个星期。为了持续供电，可以在月球上每隔经度 120 度各建一个太阳能电站，或者在月球的正面和背面各建一个太阳能电站，然后联结成网，就可以保证整个电网连续、稳定地发电。

硅是制造太阳能电池阵的主要材料，月球上硅储量丰富，又具超真空、低重力的环境，能生产出高质量的硅光伏电池。

月球太阳能电站建设需要的其他材料，如铝、钛、铁、钨、铜等，都能从月球上提取，但加工生产装置需要从地球送到月球。

开采氦-3

什么是氦

我们先简单地了解一下：在地球自然界，存在着 3 氦（氦-3）和 4 氦

（氦－4）两种同位素。4 氦的原子核有 2 个质子和 2 个中子，称为玻色子；而 3 氦只有 1 个中子，称为费米子。20 世纪 30 年代末期，卡皮查发现 4 氦的超流动性。朗道从理论上解释了这种现象，他认为当温度在绝对温度 2.17 开时，4 氦原子发生玻色爱因斯坦凝聚，成为超流体，而像 3 氦这样的费米子即使在最低能量下也不能发生凝聚，所以不可能发生超流动现象。金属的超导理论（BcS 理论）的提出，使得人们认为在极低温度下 3 氦也可能会形成超流体。但是人们一直未能在实验上发现 3 氦的超流动性。20 世纪 70 年代，戴维·李领导的康奈尔低温小组首次发现了 3 氦的超流动性，不久，其他的研究小组也证实了他们的发现。

3 氦超流体的发现在天体物理学上有着奇特的应用。人们使用相变产生的 3 氦超流体来验证关于在宇宙中如何形成所谓宇宙弦的理论。研究小组用中微子引起的核反应局部快速加热超流体 3 氦，当它们重新冷却后，会形成一些涡旋球。这些涡旋球就相当于宇宙弦。这个结果虽然不能作为宇宙弦存在的证据，但是可以认为是对 3 氦液体涡旋形成的理论的验证。3 氦超流体的发现不仅对凝聚态物理的研究起了推动作用，而且在此发现过程中所使用的磁共振的方法，开创了用磁共振技术进行断层检验的先河，今天磁共振断层检验已发展成为医疗诊断的普遍手段。

氦－3 神奇在哪里

氦－3 是氦的同位素。含有 2 个质子和 1 个中子。它有着许多特殊的特性。当氦－3 和氦－4 以一定的比例相混合后，通过稀释制冷理论，温度可以降低到接近绝对零度。在温度达到 2.18 开以下的时候，液体状态的氦－3 还出现“超流”现象，即没有黏滞性，它甚至可以从盛放的杯子中“爬”出去。然而，当前氦－3 最被人重视的原因还是它作为能源的潜力。氦－3 可以和氢的同位素氘发生核聚变反应，但是与一般的核聚变反应不同，氦－3 在

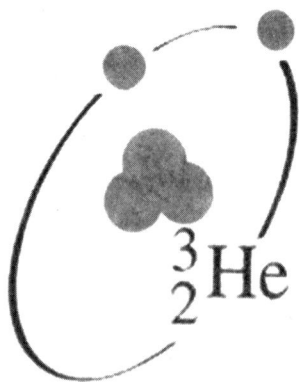

^3_2He

氦－3 的结构图

聚变过程中不产生中子，所以放射性小，而且反应过程易于控制，既环保又安全。

开发利用氦－3

开发利用月球土壤中的氦－3，将是解决人类能源危机的极具潜力的途径之一。

从20世纪90年代开始，人类掀起了新一轮的探月高潮，在这次探月高潮中，氦－3成为世人共同的目标。但是，月球氦－3的形成和分布特征、储量和应用，仍是月球科学研究中亟待解决的问题，只有通过大量的探测和重返月球野外实地考察，才能获得较为满意的回答。

1. 氦－3的形成机理

月球表面的土壤是由岩石碎屑、粉末、角砾岩、玻璃珠组成的，其结构松散且相当软。月海区的土壤一般厚4~5米，高地的土壤较厚，但也不超过10米。月球土壤的粒度变化范围很宽，大的几厘米，小的只有一毫米或微米级，这些细土一般称为月尘。月球土壤中细小的角砾岩及玻璃珠，约占70%，小颗粒状玄武岩及辉长岩约占13%。惰性气体在月球玄武岩和高地角砾岩中含量极低，大气中就更低，几乎为零。然而，月壤和角砾岩中氢气元素则相当丰富。这是由于太阳风的注入，太阳风实际上是太阳不断向外喷射出的稳定的粒子流。1965年"维那3"号火箭对太阳风的化学组成进行了直接测定，结果显示，太阳风粒子主要是由氢离子组成的，其次是氦离子。由于外来物体对月球表面撞击，使月壤物质混杂，在探达数十米的范围内存在着这氢气元素。太阳离子注入物体表面的深度，通常小于0.2微米。因此，这些元素在月壤最细颗粒中含量最高，大部分注入气体的粒子堆积粘合成月壤角砾岩或黎聚在玻璃珠的内部。氦大部分集中在小于50微米的富含钛铁矿的月壤中。

2. 氦－3的利用前景

月球上的氦－3所能产生的电能，相当于1985年美国发电量的4万倍，考虑到月壤的开采、排气、同位素分离和运回地球的成本，氦－3的能源偿还比估计可达1:250。这个偿还比和铀—235生产核燃料（1:20）及地球上煤矿开采（偿还比约1:16）相比，是相当有利的。

氦被人类广泛利用

此外，从月壤中提取 1 吨氦－3，还可以得到约 6300 吨的氢、70 吨的氮和 1600 吨碳。这些副产品对维持月球永久基地来说，也是必需的。俄罗斯科学家加利莫夫认为，每年人类只需发射 2～3 艘载重 10 吨的宇宙飞船，即可从月球上运回大量氦－3，供全人类作为替代能源使用 1 年，而它的运输费用只相当于目前核能发电的几十分之一。据加利莫夫介绍，如果人类目前就开始着手实施从月球开采氦－3 的计划，大约三四十年后，人类就能实现月球氦－3 的实地开采并将其运回地面，该计划总的费用将在 2500 万～3000 万美元。

有人提出，可不可以不将氦－3 运回地球，而是直接在月球上建立核能源基地，通过电能传输到静止轨道上的中断卫星，再传送到位于地球的接收站，然后分配到各个地区，供用户使用呢？科学家们预测，在月球上建立核电站并保持其正常工作，难度要比从月球上运回原料氦－3 在地球上发电大得多。

"嫦娥 1"号卫星搭载的探月仪器探测月球土壤厚度与元素含量是该探测卫星工作的重要内容。氦－3 作为最有潜力的新能源，也是我国探卫星获取其资源信息的重要内容。

开发月球矿物宝藏

科学家们已经提出了多种月球基地的采矿方案，包括借鉴地球采矿技术和采矿设备，计算机控制的遥控操作采矿系统等。月球采矿将分阶段实现：第一阶段首先进行勘探和采矿的试验性研究；第二阶段建设采矿所需的基础设施，例如从地球上将勘探、施工和采矿设备部件运送到月球基地上进行装配，建设采矿场，并开展小规模作业：在第三阶段将扩大采矿作业；第四阶段将建成先进的月球采矿基地，采矿人员将在控制室中遥控机器人进行较大规模的开采。

目前，美国在研讨未来月球冶金工业的建设方案。估计到 2025 年左右，月球上就会出现第一批冶金厂。生产各种金属制件和液氧，供建设月球基地、太阳能电站、空间站以及其他航天器的需要。

月球采矿将是个高度自动化的过程，平时无人值守，隔一段时间，航天员对开采设备进行一次检查和维护。月球上的开采设备与地球上的开采设备有许多不同，它们大都是遥控开采机器人，以电力驱动，能承受恶劣的月球环境，采用模块化设计，以便于更换部件和维修。开采机器人能够"一专多能"，除完成"本职工作"

美国研制的一种遥控开采机器人

外，还能承担一些通用性的任务，如起重、拖运等。由于月球重力加速度只有地球的1/6，与地球质量相同的物体在月面要轻得多，因此月面运输的能耗很低。对于开采量较大的作业，需要使用可移动的处理设备如移动处理厂等，避免大量的原料运输，以提高开采效率。

理想的天文科学基地

科学天然空间站

月球上有很高的真空度以及较小重力，是人类的天然空间站。人类在将来完全可能将一些物理、化学、生物等在地球上做不了的实验移到月球去做。月球还能成为未来特殊材料制造工业基地，制造人类急需而地球上又无法制备的特殊材料和极精密的材料。

月球的稳定性将成为又一种亟待开发的太空优势资源。在月球上建立海船、飞机、航天飞船等导航系统，会更加稳定，不会因为卫星姿态失控而出现导航能力下降。

架起观天台

探索宇宙、掌握未知世界是人类社会发展的动力，天文观测是探索未知世界的重要活动。月球的自然环境具有特殊性，天文观测条件十分优越，天文学家非常希望能在月球上建起大型月基天文台。大型天文台在月球出现后，会大大扩展人类的眼界，或许第一次接收到外星人来电的就是月基天文台。

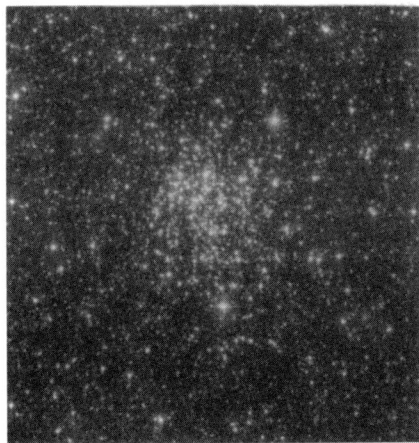

天文望远镜拍摄的星空照片

由于地面天文观测要受到地球大气的各种效应和复杂的地球运动等因素的严重影响，因此，其观测精度和观测对象受到了许多限制，远远不能满足现代天文研究的要求。这些影响主要表现为两个方面：①地球大气中的各种原子、分子、离子和尘埃粒子对于来自天体的电磁辐射的吸收和散射，这导致在整个电磁波段只存在为数不多的透明"窗口"，在这些"窗口"内大气的吸收和散射不太明显，透射率较高。这些"窗口"主要存在于光学波段、近红外波段和波长从15毫米到0.3毫米的射电波段。地面的天文观测只能局限在这些大气窗口对应的波段进行，这就使得我们在地面无法获得来自天体的全面的物理信息。②大气的扰动影响，对于光学波段，这种扰动表现为星象的不规则运动和弥散以及星象亮度的迅速变化，大气扰动的存在会严重影响天文观测的效率和精度。

为了提高天文观测的质量，世界各国发射了一系列的天文卫星，如"哈勃"望远镜、"钱德拉"望远镜等等。尽管这些在近地轨道上运行的天文仪器所处的空间环境比地面优越得多，但仍然要受到地球高层大气的一些效应的有害影响。

在几百千米的高空，大气虽已十分稀薄，但地球大气的阻力会使卫星慢慢地沿螺旋轨道不断降低，以致如要长期使用天文卫星，必须适时作轨道修正，保持卫星的高度；大量卫星的残骸和发射火箭的碎片将污染天文卫星周边的环境，可能会严重地损害望远镜灵敏的光学部件和仪器；天文卫星

"哈勃"望远镜

的运行速度高达 8000 米/秒，这使它在与微粒和残余大气离子相撞时会受到损害；在失重的环境下，要使卫星上的天文望远镜实现对观测目标的高精度指向和精密跟踪非常困难，必须配有很复杂的机械装置，而仪器越大，不能进行天文观测的时间就会越多。此外，由于近地卫星绕地球公转的周期通常仅为 90 分钟，因而观测一批天体所能连续用的曝光时间就不可能很长，这也给卫星天文观测带来一定的限制；近地轨道卫星还会遭受到迅速的热变化和引力变化的影响，这些变化限制了轨道上望远镜的大小，从而也限制了它的分辨率和灵敏度。

月球上的重力只有地球的 1/6，而且月球上永远没有风，在月球上架设巨型望远镜及观测台比在地球上更方便。月球的地质活动比地球弱得多，月震活动只有地震活动的亿分之一，对望远镜的观测影响很小，这对基线很长的光学、红外和射电干涉系统尤为有利。月球背面没有人类活动造成的纷杂的干扰环境，更是观天的宝地。另外，与失重状态下的空间望远镜相比，月基望远镜是建在月球这个直径为 3476 千米的巨大而稳定的观测平台上的，因而，望远镜的安装、维修、跟踪等问题的解决都比空间望远镜容易得多。"哈勃"空间望远镜升空后，为了对其进行维修，航天员就曾数次乘航天飞机到太空，对其先"追"再"抓"，费了不少周折。

星际航行的中转站

在月球上建设发射场，把月球当做飞往火星和其他天体的中转站，是开发月球资源一个重要目的。由于月球几乎没有大气，没有磁场，它的重力加速度只有地球因此从月球上发射大型航天器，使其摆脱月球引力进入更遥远的深空，比从地球发射起飞容易得多，可以大大降低从地球到其他天体的发射成本。重要的是要在月球上能生产出火箭推进剂——液氢和液氧。

自1990年起，为了在月球物质中获得氧，美国和法国的一些有关专家进行了大量的实验研究工作，他们最终发现，可以从月壤的重要成分之一——钛铁矿中获得氧。钛铁矿是钛和铁的氧化物，在800摄氏度的高温下加热，即可分离出钛、铁和氧。另外，从月壤中提取1吨氦-3，可以得到约6300吨的氢、70吨的氮和1600吨碳这样一些副产品，将其中的氢气与氧气液化，就可以获得液氢液氧推进剂。

科学家们提出，如果月球极地永久阴影区中确实存在水冰，生产液氢液氧推进剂就更简单了。在超真空环境下，将含水冰的月壤加热到-23摄氏度以上，就可收集到气态的水，然后冷凝成液态，再进行电解、液化，即可以制得液氢液氧推进剂。生产出的液氢液氧可存放在永久阴影区保存。

在月球上生产火箭推进剂以后，建设月球基地，开发月球资源，以及进行飞往火星等天体的步伐都将会大大加快。

知识点

"哈勃"空间望远镜（HST）

"哈勃"空间望远镜（HST）是由美国宇航局主持建造的四座巨型空间天文台中的第一座，也是所有天文观测项目中规模最大、投资最多、最受到公众瞩目的一项。它筹建于1978年，设计历时7年，1989年完成，并于1990年4月25日由航天飞机运载升空，耗资30亿美元。但是由于人为原因造成的主镜光学系统的球差，不得不在1993年12月2日进行了规模浩大的修复工作。成功的修复使 HST 性能达到甚至超过了原先设计的目标，观测结果表明，它的分辨率比地面的大型望远镜高出几十倍，对国际天文学界的发展有非常重要的影响。

观光旅游新去处

随着技术、经济等发展，人们已经开始向往到月球去旅游。人们去月球旅游，除了观看月球、宇宙星空以外，还有一个项目就是观看地球。据美国登月航天员说，从月面上观看地球别有一番风味。

现在讲去月球旅游，并不是幻想，而是指日可待的事情了。

2007 年 4 月，美国太空探险公司宣称，其准备与俄罗斯太空旅游公司合作实施月球旅游计划：今后 5 年内，游客花费 1 亿美元，就可以搭乘俄罗斯的"联盟"号载人飞船进行环月旅游。

据美国太空探险公司副总法拉内塔说："俄罗斯的'联盟'号载人飞船，是实现这一

俄罗斯"联盟"号载人飞船

项目的最佳选择。我们打算将月球轨道旅游的门票定为每人 1 亿美元。当然，从理论上讲，我们并不排除一艘'联盟'号飞船搭载 2 名月球游客和 1 名专业航天员的可能性。这样一来，如果按每位游客 1 亿美元来收费的话，搭载 2 名游客到月球旅游一次，可以收费 2 亿美元。"

法拉内塔指出：实现月球旅游可通过 2 种途径来实现，第一种是直接将游客送到绕月轨道旅游。第二种途径是先将游客送到国际空间站，然后从国际空间站飞往月球。美国太空探险公司认为，第二种途径可能更受人们的欢迎，因为这一途径不仅能让游客们实现月球观光的愿望，还能顺便在国际空间站逛上一回。

在世界上拥有许多著名大饭店的希尔顿国际公司，准备在月球上建造第一家现代化的五星级宾馆。这家公司正在就这项工程同美国国家航空航天局的专家进行密切合作，并希望建立合作伙伴关系，以便能把客人送到这家大饭店去，供太空游客去月球观光旅游。

知识点

俄罗斯"联盟"号载人飞船

"联盟"号是前苏联研制的第三代载人飞船的名字。"联盟"号飞船是前苏联在积累了多年经验之后，所开发出来的一种最成熟的载人航天器。"联盟"号飞船是俄罗斯航天部门现在拥有的唯一一种可载人航天器，也是可向国际空间站输送宇航员的仅有2种工具之一（另一种是美国的航天飞机）。其他衍生物包括"进步"号货运飞船，这是一种设计得十分成功的无人货物运输飞船，在维持"和平"号空间站和国际空间站的正常运转中发挥了巨大的作用。

"联盟"号飞船在1967～1981年共发射40艘。"联合1～10"号，载1～3人，射入地球轨道。其余30次飞行大部分是"联合"号太空舱与在轨道上的"沙礼特"号太空站相连；交换1名"联合"号乘员进入太空实验室，进行较长时间的科学实验。

建设月球基地的梦想

自古以来，人类就有在月球上建设家园的梦想，我国古代的民间传说中，就有嫦娥与吴刚在月宫中生活的美丽神话。而最先提出建设月球基地的，是一批极富想象力的幻想家和科幻作家。进入21世纪，建设月球基地将不再是幻想，而是要变成实际行动了。

1987年10月，在国际宇航科学院大会上，来自50多个国家的近千名科学家和工程师，联名提议建造国际月球基地。1995年4月，在德国召开的会议上，各国科学家们讨论了建设月球基地的国际发展战略，目前美国、日本和欧洲空间局等国家和组织，都提出了建设月球基地的计划，并开始为实施月球基地计划做准备。

现在的问题是，人类将如何建设月球基地，开发利用这个离地球最近天体的丰富资源。

（1）开发、利用月球资源，为人类造福。

（2）利用月球高远优势资源进行科学研究和实验。

（3）按照循序渐进的月球基地发展策略，最终在月球表面建立一个有人居住的永久性基地和月球村。

月球基地建在哪里

建设月球基地，首先遇到的一个问题就是选址，就是月球基地建在什么地点才是最合适。

根据开发月球的要求和特点不同，将有不同类型和功能的基地，不同类型和功能的基地，对于基地的选址将有不同的要求，例如：

（1）月球天文观察站的站址宜选在能屏蔽地球发射无线电噪声的月球背面。

矿产资源开发基地则应选择矿产资源丰富的地区建设基地。

（2）月球的南北极地区可能是火箭推进剂生产基地合理的备选区域，因为那里可能存在大量的水冰。

（3）对于科学研究基地则应满足下列条件：能够和地球保持畅通的通信联系；有良好的光照条件，可以充分利用太阳能；满足制备氧、水等维持生命的消耗物资的需要；周围有丰富的资源，能满足月球资源研究和利用的需要；地势比较宽阔平坦，有利于飞船的起飞和降落。

月球极区约有 70% ~ 80% 的时间处于阳光照射之下，太阳能电池能为月球基地提供充足的电力，极区的温差较小，两极地区分布了大量月海，应是建立月球科学研究的理想地区。

月球机器人打先锋

由于月面环境十分恶劣，人离开生命保障系统是无法生存的。航天员在月球上必须身穿笨重的月球服，背着沉甸甸的便携式生命保障系统。而且在居住舱外还不能工作时间太长。然而，机器人不需要特殊的月球防护服，也不需要为机器人建造密闭居住舱和提供复杂的环境控制和生命保障系统，可以在月面长时间工作。机器人还可以承担危险的和特殊的工作，例如进入极寒冷的月球南北极永久阴影区进行探测等。在月球基地建设中，机器人最能充分显示自己的本领，在基地建设中打先锋。

未来在建设月球基地工作中，需要各种各样的月球机器人如：

（1）大力士机型器人。这种机器人力气大，适合作重活，如装卸、搬运和安装大型结构件等。

（2）多面手型机器人。它在月球基地建设能承担多种任务，既能完成一般的体力工作如挖掘，又能进行一些精细操作如建筑安装等。

实验机器人

（3）灵巧机型器人。负责完成各种精细操作，如精密仪器设备的安装、操作和维护。

（4）实验机器人。在月面根据需要进行采样，进行实验分析。

（5）筑路机器人。负责飞船着陆场地建设，如开凿和挖掘、平整土地、修筑道路等。

（6）其他作业机器人如建设机器人、机器人修理工、排险机器人和在月球基地建设中承担日常杂务的机器人等。

分阶段建设

建设月球基地是一个漫长的过程，需要由小到大，循序渐进分阶段建设。

建立前哨站

早期的临时性月球前哨站规模不大。这种前哨站最基本的设施应包括：一个能防辐射并适合航天员生活的居住舱和一个实验舱及一个能提供生命保障和食品的后勤舱；一个带气闸门的连接舱，用于航天员出入月球表面，另外还要有提供能源的能源舱和一辆月球运输车。

用无人驾驶飞船，将已经在地面制作好的移动式居住舱及舱段运送到月球，由月球机器人使其对接成一个整体，建成一个短期有人照料的月球前哨站。

在月球前哨站将进行从月壤中提取水和氧气试验和月球资源开发技术的试验以及植物栽培试验等，为建设永久月球基地做准备。同时，利用月球高真空和低重力环境，小规模生产药品和特种材料。

月球前哨站想象图

首批入驻人员约 4 ~ 6 名，成员中除职业航天员外，可能还包括地质学家、化学家、建筑工程师、生物学家或其他领域的专业人员。这个阶段需要依靠地球提供补给，一般半年轮换一次。

建立半永久性月球基地

半永久性月球基地由多用途月球基地舱、专用设备舱、科学实验室、大型观测台和月球工厂等组成，各舱段之间用通道相互连接。基地能源由已经建成的月球太阳能电站提供。该阶段月球基地主要是生产水和氧，生产永久性月球基地建设用材料，进行循环生态系统研究和生产推进剂，制取少量氦－3等能源材料。这一阶段由航天员及各类专家约24人组成，一般一年轮换一次，为建设永久性月球基地奠定基础。

建立永久性月球基地

永久性月球基地由设备制造厂、农业工厂、月球港湾、医院等功能单元组成，主要任务是大规模开发利用月球资源，提供地球能源需求，进行全面深入月球研究和天文观测，建成火星中转站，是自主式全能型的月球基地，将有上百人可在那里长期生活和工作。

建立月球村或月球城

在永久性月球基地的基础上，不断扩大发展成自给自足，建立具有封闭循环生态系统的月球村或月球城。

月球城想象图

作为月球上的永久性居住点，在这个居住点里备有运输机器、材料加工厂和制造车间，其设备可以加工月球上的材料，制造更多的机械设备，建造更多的材料加工厂和制造车间，达到规模化的生产能力。利用基地的制造加工能力，可以在月球上建设科研基地、实验室、医疗中心和火箭燃料生产工厂，进一步提高空间探测和月球资源开发能力。月球移民区可以发展各种制造业，合成空气和水，种植农作物，饲养动物，月球村或月球城有先进而完善的再生式生命保障系统，使氧气、水、食品、生活必需品、电力供应和火箭燃料，实现自给自足，不再依靠地球的物资供应，此外还解决了宇宙辐射防护和月球重力的适应问题。

随着航天技术的发展和重返月球计划的实施，预计在 21 世纪后期或更晚一些时间。月球基地将出现在世人面前。

打造人在月球的生存环境

把家搬到月球去

居住在小小地球上的人类，多么想到无边无际的星空中去遨游。人们看到月亮，幻想出"嫦娥奔月"、"吴刚伐桂"、"玉兔捣药"等许多美丽的神话故事。但登月一看，月亮却是一片没有水，也没有空气的荒漠。其他星球的情况，也并不比月球更适于人类生活。

但外星球的恶劣条件，并不能打消人类的雄心壮志。美国、俄罗斯等航天大国都在进行实验，研究如何在无水无气的外星创造人类生活的条件。其中名气最大的实验是美国的"生物圈2"号计划。科学家为什么把他们的实验叫"生物圈2"号呢？原因是他们把人类生息的地球环境叫"生物圈1"号，而他们的实验就是要造出第二个地球环境。

美国从1984年起花费了近2亿美元，在亚利桑那州建造了这个几乎完全密封的实验基地。这是一座占地1.3万平方米的钢架结构的玻璃建筑，远远望去像一个巨大的温室。在这密封的建筑里有碧绿的麦田、地毯似的绿草地、碧波荡漾的鱼塘，还有袖珍的"海洋"，有各种家畜和家禽，也有几排供人居住的房子。

"生物圈2"号实际上就是"大气圈2"号。科学家想一个人在小环境里造出人工大气，在那里有限的氧气和水分可以永远循环使用。要达到这个目的，就不能不借助于生态系统。以氧气为例，人要吸收氧气和呼出二氧化碳；植物的光合作用却正好相反，需要吸收二氧

"生物圈2"号

化碳和放出氧气。如果使二者达到平衡，人和植物就都能健康生活。当然植物还可供给人类食物，人类又能供给植物肥料，这样，又能达到各自的营养物质的平衡。在这个小大气中，人类呼吸和植物蒸腾都能放出水汽，人的排泄物也有许多水分，这些水分收集和净化后也能重复使用。

但是，人造大气毕竟比不上地球真大气。因为在大气圈里各种物质收支即使有波动，也能互相调剂，最终仍然能达到平衡。但在"生物圈2"号里，则没有这种弹性，一切要计算得十分精确。还是以氧气为例，如果氧气的吸收略多于氧气的放出，要不了多久，里面的人类和其他生物就会感觉缺氧，

如不及时调剂，情况就会变得十分严重。而如果相反，吸收略小于放出，那么不要多久，就会出现氧气太多、二氧化碳不足的情况，植物因而无法进行光合作用，也就无法健康生长。

而正是对空气成分的控制的失误，导致了"生物圈2"号实验的失败。这个实验进行了1年多之后，土壤中的碳与氧气反应生成二氧化碳，部分二氧化碳与建筑材料中的钙发生反应，生成碳酸钙，结果，密封的建筑内的氧气含量从21%下降到14%。另外，建筑内的植物因大气成分失调而产量下降，养不活建筑内的实验员与牧畜，所以只好提前结束实验。更加令人意外的是，"生物圈2"号运行3年后，其中的二氧化碳猛增到79%，足以影响人体生理的机能，其中的原因目前尚未查清。

1996年1月1日，哥伦比亚大学接管了"生物圈2"号，模拟出一个类似地球的、可供人类生存的生态环境的研究仍在继续。

居住舱的各种构想

月球基地居住舱，像地球上的房屋一样是人生活居住的地方，由于月球的特殊环境，它的建造不仅非常重要而且复杂。随着月球基地规模不断发展和扩大，航天员人数越来越多，居住舱的建设任务也越来越重。科学家们提出了各式各样的建设月球基地居住舱的构想。

预制舱

在地球上预先将居住舱制造好，然后用火箭和登月飞船发射到月面。

洞穴和溶洞式居住舱

月球溶洞是火山活动的结果，在溶洞中建造居住舱，能有效防止宇宙辐射的危害。在月面挖洞穴建居住舱，也能有效防止宇宙辐射的危害。

掩埋式居住舱

在月面上开凿一条隧道，在隧道内建设居住舱。当在月球基地附近找不到溶洞的情况下，可以采取这种方法。

混凝土居住舱

建设居住舱的混凝土，是在月面利用月球岩石生产的。用混凝土建设居住舱的最大好处，就是坚固耐用。

复合材料居住舱

可以在月面直接生产玻璃纤维增强复合材料，用以制造月球基地居住舱。

金属居住舱

从月球矿石中提炼出铝、铁和钛等金属，然后制成建筑材料，再用这些材料建造居住舱。

充气式大圆球居住舱

1990年，美国提出了一个大型月球基地设计方案，月球基地的居住舱是一个直径16米的大圆球，可供12名航天员在里面生活和工作。居住舱总容积为2145立方米，可供使用的面积为742平方米。

整个居住舱是一个充气结构，舱壁分2层，内层是一种多层不透气的气囊结构，气囊内可以充气。外层用高强度材料制成，并涂有防热层。居住舱用1米厚的月壤覆盖，作为防辐射屏蔽层。整个舱壁结构和防辐射屏蔽层由12根柱子支撑。居住舱从下到上分为5层：

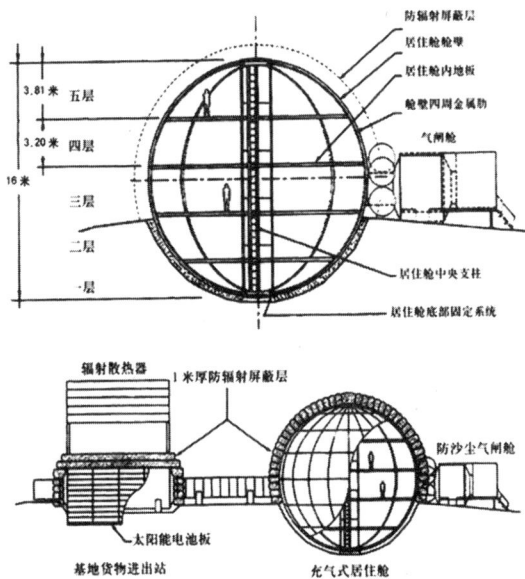

充气式大圆球居住舱示意图

最底层安装环境控制和生命保障系统，一部分作为月球基地的储藏室；第二层为基地实验区；第三层为基地控制区，与气闸舱相通；第四层是航天员工作区；第五层是最上层，为航天员生活区。在居住舱的外边，还有一个货物进出站，由加压舱与居住舱相通，是仪器设备进出居住舱的通道。

日本科学家的奇妙想法

日本科学家打算在月球表面的月壤层上挖一条深约 5 米的沟，沟内放入一个直径 3 米的圆筒形加热器，然后在加热器上面盖上厚约 2 米的月壤。当加热器把月壤加热到 1200 摄氏度时，月壤就会熔化成玻璃。移开加热器，再进行类似作业，月壤熔化形成的玻璃冷却后，会固结成一个坚固的外壳，壳底留下直径 3 米的管状空间，也就成了建造月球城的场所。无论是哪一种类型的居住舱，舱内都必须具备环境控制与生命保障系统。

创造人在月球上的生存条件

氧气、水、食物和循环生态系统是人类在月球生存的基本要素。

再生式生命保障系统示意图

在月球基地要营造一个像地球上一样的生存环境，在这个环境里，有与地球上一样的大气压力，有饮用水，有可供呼吸的空气，还有适宜的温度、湿度等人类生存所需要的基本元素。月球基地上使用的生命保障系统，也随基地发展阶段的不同而不同。初期基地的生命保障系统是非再生式的，基地消耗的氧气、水和食物，要依靠地球的补充供应。此后建造的月球基地，生命保障系统是再生式的，即月球基地的氧气、水或食物，都要靠密闭循环处理和绿色植物的光合作用来就地解决。

呼吸与饮用水

虽然月球表面没有水又没有空气，但是月球的岩石里含有很多氧，于是科学家们提出了用月球岩石制造淡水和氧气的设想。

美国科学家对"阿波罗"飞船取回的月球样品进行了相关研究之后。提出利用月海玄武岩制取氧的工艺方法。这种方法利用太阳能提供热源，在 800 摄氏度的高温下，先用氢还原月海玄武岩中的钛铁矿获得水，解决了水的问题以后，再通过电解水提取氧气。

"阿波罗"号取回的月海玄武岩

据估计，生产 1000 千克水，大约需要 10000 千克的钛铁矿。如果开采深度按 40 厘米计算，相当于开采 220 平方米的月海区。

最初用作还原剂的氢可从地球上运来，但生产开始后电解水获得的氢可循环使用。

另据计算，一年只需要生产 1 吨氧气，即可维持月球上 10 人一年的生存的需要。

月球氧气生产设备

还有一些科学家提出另外一种制取氧气的方法。他们设想用甲烷和月球岩石中的硅酸镁在高温下发生反应，生产一氧化碳和氢。然后在温度较低的第二个反应器中，用一氧化碳与更多的氢发生反应，还原成甲烷和水。最后通过电解水制取氧气和氢气；还原的甲烷可以循环使用。用这种方法制取氧气，从理论上说只消耗月壤中的硅酸镁，不消耗参加反应的其他物质，所以几乎有用不完的制氧原料。

根据对"克莱门汀"号和月球勘探者月球探测器发回的探测结果分析，月球上可能存在水冰，并且存储于月球两极撞击坑的永久阴影区内，一些科学家估计月球上水冰的总资源量约66亿吨。一些科学家认为，如果月球确实存在水，人类对月球经过长期开发建设后，也有可能从月球极区提取水。

早期的月球基地的食物由地球供给，但永久月球基地则必须自给自足。

在月球上种庄稼

在南太平洋的某处海底，静静地躺着俄罗斯"和平"号空间站的残骸，它搭载着一个由保加利亚制造的微型温室。1999年，世界上第一代太空小麦正是在这个仅1平方米大的空间里问世的，从而揭开了在太空种植粮食作物的新纪元。

在太空种植粮食的尝试几乎是和人类探索太空同步开始的，科学家们曾经试图用"阿波罗"飞船从月球带回来的泥土培育植物。从1975年起，每一次前苏联飞船升空，都会带着一个苗床。然而，在天上种地并不像在地面那么简单。美国的地球生态学家杰伊·斯基尔斯说，失重会影响植物根系向下生长；不同的光照条件和空气分也会干扰植物的成长；没有了昆虫，授粉也无法进行。

尽管人类曾经在非粮食类作物的试验上取得了一些进展，但真正在太空种植粮食获得成功是在20世纪80年代，前苏联聘请保加利亚为其建造了搭载"和平"号上的实验用温室之后。到了90年代初，航天员成功地在这个40厘米高的温室里种出了莴苣和萝卜。从1995年开始，美国和俄罗斯科学家们尝试种植小麦。4年后，他们的努力终于得到了回报，1999年收获了第一代太空小麦。

第一代508粒太空小麦收获后被再次播种，并在当年结出了第二代太空小麦，每一粒都有第一代的2倍大。科学家们认为，太空的生长环境有助于提高作物产量，增强抗病性。他们将研究粮食在太空中的其他用途，使其在人类太空生活的各个方面都能发挥作用，最终帮助人类实现向其他星球移民的宏伟计划。

国际空间站升空后，美国和俄罗斯的专家又开始了空间植物研究。在国际空间站上的作物实验装置里，航天员栽种过豌豆和日本洋白菜，其中豌豆种植实验已成功收获了4次。从2004年11月开始，国际空间站上第10长期考察组成员——俄罗斯航天员萨利占·沙里波夫和美国华裔航天员焦立中在国际空间站上栽培日本洋白菜、水萝卜和第四代豌豆；2005年他们的接班人继续照料所种的萝卜。这些研究将帮助确定最佳的土壤成分和研制可以用于更大太空温室的工艺，其中包括可在行星间飞船中使用的温室和月球基地上的大型温室。

第二代太空小麦

近几年来，科学家空间站上进行了大量的生物学试验证明在太空失重条件下，植物种子的发芽率更高，生长更快，开花或抽穗时间更早。也对一些动物进行了试验。在空间站里果蝇能像在地球上一样交配、产卵、繁殖后代；蜜蜂会筑巢，蜂王照样生儿育女。科学家们还在空间站采用"营养液"，对培育农作物进行了不少实验研究。

月球温室示意图

月壤中有农作物所需的多种元素，但缺乏氮、锌、硼等农作物所需的微量元素。

科学家们设想在月球上培育粮食和蔬菜，首先要建造由特殊材料构成的月球温室，其次要有人造阳光，另外还要使用含有钾和钙等成分的特殊液体养料，先在基地内进行试验。然后扩大规模，科学家还在研究用化学物理方法合成氨基酸，如培养蛋白质较高的小球藻，来制备航天员食品。食物在月球上是可以解决的。

循环生态系统

建设永久性月球基地、月球工厂或月球村，需要解决封闭循环生态系统问题，以便能够提供给人体长期所需的食物、水和空气，并长时间保持良好的生态环境。

科学家在国际空间站的实验表明。在发光二极管的光照下，植物能够进行正常的光合作用，释放出氧气。人可以吸入植物释放出的氧气，呼出二氧化碳，为植物进行光合作用提供条件。植物通过光合作用又将光、二氧化碳和水转化为碳水化合物并释放出氧气，碳水化合物可作为人的食品。同时，人类排泄物在微生物作用下可形成降解物，其中的养分可供植物生长，这样就可以形成一个人造的"小生物圈"，为建立密闭的循环生态系统提供条件。

人类在月球上的生活是可能想象的

王绶琯，天文学家。1923 年 1 月 15 日生于福建福州。1980 年当选中国科学院院士，历任中国科学院北京天文台研究员、台长、名誉台长；曾任中国科学院数学物理学部主任、国家科委天文学科组副组长等职。开创了中国的射电天文学观测研究领域，也是中国现代天体物理学的主要奠基者之一。1993 年，由紫金山天文台发现的国际编号为 3171 号的小行星，被正式命名为"王绶琯星"，以示对这位中国天文学者的尊敬。

以下是王绶琯院士关于人类登月的答问。

问：奔月是神话吗?

王绶琯：20 世纪的天文学发生了前所未有的飞跃。人类第一次能够用完全科学的语言来描述宇宙从大约 120 亿年前诞生一直演变到我们今日所见的大千世界的历程。这一方面得力于 20 世纪中期各种技术的高速发展。以往天文观测凭借的望远镜，虽然威力愈来愈大，但观测所及仅限于天文目标发来的光（人的眼睛能反应的"可见光"）所带到的信息，而 20 世纪中叶射电天文手段的成熟，使日常观测范围延伸到了天体的无线电波；到了后叶，借助于航天技术，空间天文手段的发展已使包括红外射线、紫外射线、X射线、γ射线的各种天文信息尽收眼底；目前，各种天文手段上投资数亿的设备已在陆续投入观测工作；人们可以期待这几十年里新一代的天文设备将到月亮上安居。奔月将不再是神话传说，月宫里的嫦娥将不再寂寞。

宇宙之大，天体之微弱与繁多，使天文观测手段的发展举足轻重。但是历史上天文学科的前进总是靠观测和理论"两条腿走路"的。20世纪天文学的理论进展得益于它的前沿研究与同时代物理

王绶琯院士

学前沿的交叉和融合。最重要的是恒星演化理论形成时与当时的原子物理和核物理的结合以及"大爆炸宇宙学"（一种说明宇宙起源于一次"大爆炸"的理论）与广义相对论和高能物理的结合。这些理论解释了观测结果，提出预测、向观测挑战并接受观测的挑战。

问："宇宙起源于大爆炸"已经被世界公认了吗？现在对于宇宙到底有多少有定论吗？

王绶琯："大爆炸宇宙学"的实测根据是哈勃1929年发现的远方的星系都在退行（朝离开我们的方向飞驰），而距离我们越远的退行越快的现象。这可以用宇宙在膨胀来解释。理论上，"膨胀宇宙"得到爱因斯坦的广义相对论的支持。认定了宇宙在膨胀，就可以认定它在开始膨胀时是一个密集的小点，并可以认定是一次"大爆炸"启动了膨胀。

问：有外国的媒体报道说，美国科学家的研究成果表明微生物的生命力极强，远远超出了人们的想象，它们完全有可能在外太空恶劣的环境中生存，因此，我们能不能做出一个大胆的猜测，在地球之外有所谓的"外星人"的

存在，或是更高级的太空生命的存在？

王绶琯：在科学界有这样一个合理的思想，就是说在地球之外还有许多和地球类似的行星，拥有和地球类似的环境，有生命体的存在并慢慢滋生，慢慢演化。一个老问题是，最原始的生命物质究竟是地球上自己产生的还是从外界掉下来的流星或彗星上携带来的，天文学上几十年来一直在观测宇宙空间中云块和一些星体的外层来寻找复杂的分子，这方面的进展使科学家期望能够发现更复杂的、比如说氨基酸之类的分子，虽然现在还没有找到。另一方面，20个世纪50年代就已经有人做过这样的实验，在实验室中模拟一个早期地球的环境，把一些"原料"放在一起，在紫外线照射下形成一些可能用作生命的原材料物质。这样种种类型的课题都值得探索。目前对于在空间中形成低级的生命原材料的探讨当然是值得注意的。

至于地球之外的外星人问题，我们现在能想象的高级生命最好是在和地球相似的行星上找。我们的银河系范围大约在10万光年，含数以千亿计的恒星。如果我们设想若干万个恒星中有一个带有一颗与地球相似的行星，而上万个这样的行星中有一个存在着高度文明的生命，这种假设应当说不算离奇！不过所有的恒星离我们都很远，最近的也有4光年，要想和它们周围的行星上的智慧生物沟通是很困难的。假设我们向一颗离我们1000光年的行星发一封电报，电报的往返就要2000年！如果从那边派一个飞行物到地球访问我们，即使用5倍光速的推进器也需要2000年才能到达。何况从那边看我们是我们这里1000年前的情况，只不过是无数个极暗的天体中的一个。

问：报纸上常常说哪儿又发现了什么不明飞行物之类的东西，你是怎样看待这些事件的？

王绶琯：这些东西人们看到了我都可以肯定。但是方才说过，说它们是从外星来是不可能的，我个人甚至不主张把这种设想放进科幻小说里边，提得太多了往往会误导人们以为真的有这样的东西。我觉得给它们这个"不明飞行物"的名字起得非常好，"不明飞行物"完全可以存在，因为"不明"，就应当研究，研究出来了再下结论。过去有的"不明飞行物"其实是气球之类常见的东西。我们鼓励大家在看到这样的东西的时候尽量把它记录下来，然后来研究到底是什么。

问：人类的登月计划的实现起到了什么作用？

王绶琯：很早以前人类就有这样的愿望，幻想能登上月球看一看。美国"阿波罗"登月实现以后，人类第一次到月球上走了走，并采了一些样本回来。下一步的计划当是较大规模地在月球上逗留。我想，既然现在科学技术把人送到太空去生活个一两百天都可以，那我们也可以想象将来能在月球上搭一个大舱，去那儿工作。当然，说到更远一些，还可以到那里度长假，休息几天。目前的登月计划主要是做科学探索，你要是等到几百年以后，可能就会变成经常去月球旅游了。去年一项研究认为月球上有可能有大量的水，这是很关键的，解决了水的问题，人类在月球上的生活是可以想象的。我们国家也在进行非常认真的研究，也有一个非常扎实的研究队伍在做努力。

问：世界上的登月计划进行到哪一步了？

王绶琯：世界上到目前为止已经实现过在月球上的着陆。现在难的是做成一些大项目，比如需要搬家什么的，成本非常高昂。如果想在月亮上做一个天文观测台，放一个大的望远镜上去就得去一次，如果这个天文台需要放五架望远镜的话就得上去 5 次，没有巨大的投资是做不成的。每个国家都可以有登月球计划，做各种研究。当然这也表现了一个国家航天技术上的水平。

知识点

"和平"号空间站

"和平"号空间站是前苏联的第 3 代空间站，亦为世界上第一个长久性空间站，站上长期有人工作。"和平"号空间站的轨道倾角为 51.6 度，轨道高度 300～400 千米。自发射后除 3 次短期无人外，站上一直有航天员生活和工作。

"和平"号空间站原设计寿命 5 年，到 1999 年它已在轨工作了 12 年多，除俄罗斯的航天员外，还接待了其他国家和组织的航天员，他们在"和平"号空间站上取得了丰硕的研究成果。但由于"和平"号设备老化，加之前苏联资金匮乏，从 1999 年 8 月 28 日起，和平号进入无人自动飞行状态，准备最终坠入大气层焚毁，完成其历史使命。

月球基地的交通运输工具

建设月球基地时，人员在月面的流动和物质的运送工作将是大量的，例如：需要把来自地球的物资从月球着陆场运送到月球基地，或是将月面开采的矿物运送到月球加工厂；还需要到采矿点维修设备，外出查看天文观测仪器，进行远距离采样活动；对发生事故的航天员进行营救活动，或是将准备离开月球的航天员送往月球发射场等。

如何解决月面上大量的人员和物质运送呢？专家们提出了各种月面交通工具的设想。

月球车

开放式月球车想象图

月球车有开放式和加压式两种。开放式载人月球车很像我们熟悉的电瓶车，其驾驶舱是敞开的，乘坐时需要穿月球航天服，由人员驾驶，其结构简单，制作容易。

其是一种密封式、舱内加压的电动月球车。月球车内装备了环境控制和生命保障系统，提供氧气、水、食物以及二氧化碳处理和保持温度、湿度的设备。就像是一个能移动的小型居住舱。加压式月球车还设有一个供航天员出入的气闸舱，与开放式月球车相比，其行驶距离更远，工作时间更长。

月面火箭

月面火箭是可以在两个发射点之间飞行的载人运输工具，当航天员从月球表面一点到遥远的另外一点时，可以使用这种快捷的交通工具。由于月球重力只有地球重力的1/6，火箭起飞比在地球上容易得多，消耗燃料也少。

多用途运输工具

多用途运输工具既是运输车，也是具有某种功能的月球机器人。这类运输工具由月面航天员遥控，有轮式运输车、履带式牵引车等，它们主要承担月面运输任务。如果需要还可以增加附加设备，扩大功能，如增加铲子可以作为铲车，增加挖掘设备可以开挖基坑，还可以增加移走岩石的绞盘，切割月岩的装置等完成多种任务，它们在月球基地建设中将发挥重要作用。

月球缆车

还有一些科学家提出用月球缆车、月球铁路等交通工具来承担月面运输任务。月球缆车是在月面特定地区使用的一种运输工具，缆车安装的轮子沿固定的索道滑行，在固定的月面两地点间往返运行。

➡️ 知识点

世界上第一台无人驾驶的月球车

无人驾驶月球车由轮式底盘和仪器舱组成，用太阳能电池和蓄电池联合供电。这类月球车的行驶是靠地面遥控指令。

1970年11月17日，前苏联发射的"月球17"号探测器把世界上第一台无人驾驶的月球车——"月球车1"号送上月球。此车约重1.8吨，在月面上行驶了10.5千米，考察了8万平方米的月面。此后前苏联送上月球的"月球车2"号行驶了37千米，并向地球发回了88幅月面全景图。

地月之间如何运输

建设月球基地，需要频繁地进行登月飞行和向月球基地运送器材、设备、生活补给品，以及接送航天员往返于地月之间。目前，空间运输成本高昂，因为目前的运载火箭和飞船都只能一次性使用，如何实现低成本运输，是航天工程师和月球科学家共同关注的问题。

为了降低地月运输成本，研制可重复使用的火箭和飞船是一个重要发展方向，但在今后相当长的一个时期内，火箭和飞船依然是地月运输的重要工具。根据这种情况，科学家们提出了降低地月空间运输成本的新设想。

第一种设想：利用空间"摆渡"船首先用运载火箭把物资和人员分几次运往近地轨道，然后利用空间"摆渡"船，把物资和人员运往月球。空间"摆渡"船专门承担地月轨道之间的运输任务，并可重复使用。在月球轨道上，还需设置一种专用的月球着陆器，任务是把进入月球轨道的物资和人员安全地送往月球表面。这样由运载火箭、空间"摆渡"船、月球着陆器三者共同组成一条地月交通运输线，它们各自在自己的轨道上往返飞行，而不是运载火箭直接将货物和人员从地球运到月球，从而使飞行成本大幅度降低。

科学家设想中的月球着陆器

根据这种运输方式，在月球轨道上应该有一个能容纳多名航天员的小型空间站，作为地球和月球之间交通运输的一个中转站。这个中转站还可以承担月球基地"急救站"的作用，一旦月球基地发生紧急情况，航天员可以及时撤离到月球空间站，然后再从月球空间站飞回地球。建造这种小型月球空间站，可以使用废弃在太空和月球轨道上的燃料储箱。燃料储箱都是一些大圆筒，对这些大圆筒进行改装，再一个一个地接起来，就可以形成简易的月球轨道空间站。

第二种设想：设立"拉格朗日点"中转站。

这里先介绍一下拉格朗日点的概念。

地月空间存在的一种特殊的点。在这个点上地月两大天体的引力相互抵消，位于这一点上的物体可以相对保持平衡，如果给一个小的推力，就能使物体按推力方向运动，这种特殊的点是法国数学家和力学家拉格朗日发现的，因此称拉格朗日点。在地月系统

法国数学家和力学家拉格朗日

中，理论上存在 5 个拉格朗日点，其中 L1 点位于距地球 323110 千米的位置上。

先将飞船发射到位于拉格朗日点的中转站，然后在这里加注在月球上生产的推进剂，与此同时，从月球上发射 L1—月球往返运载器来接应飞船，将航天员或建设月球基地物资从中转站运送到月球。这样，飞船离开地球时就不再需要携带用于月面着陆和起飞返回的推进剂，也不需要携带登月舱，因此飞船的质量可大大减轻，地、月空间运输成本就可大大降低，由于月球没有大气，L1—月球往返运载器应是可重复使用的航天器。

第三种设想：太空电梯。

"太空电梯"的原理很简单，它的主要部件是缆索，将其一头固定在地球表面，另一头伸向太空，当缆索的重心位于地表 3.6 万千米的高度时，它所承受的地球引力和离心力达到平衡，缆索便会耸立空中

设想中的太空电梯

而不倒，这个高度也就是地球同步轨道的高度；或者从距离地面3.6万千米的静止轨道卫星向地面垂下一条缆索，为了取得平衡，避免静止卫星因电梯太重被拉回地面，在卫星的上面还要架设另外一条缆索，上半部分的缆索悬浮在太空中，以缓解太空电梯承受的地球引力，这样，电缆的总长度将达到10万千米，为地球和月球距离的1/4。沿着这条缆索修建往返于地球和太空之间的电梯型飞船。

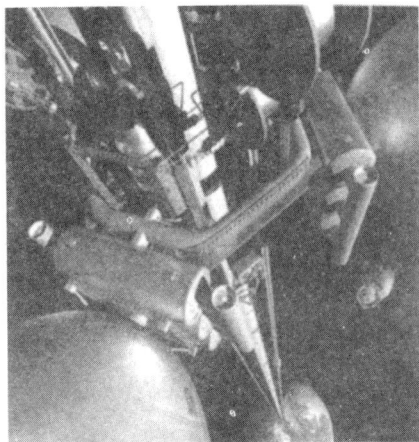

太空电梯示意图

目前进入太空的主要运载工具是火箭，火箭要摆脱地球引力需要消耗大量燃料，无论是液体还是固体火箭，所携带的燃料都要占到火箭总重量的90%以上，并且多为一次性使用。然而"太空电梯"不需要动用大量燃料，且可重复使用，因此建成之后的运行费用很低，可用于向空间站运送人员和货物，然后再转运到月球。

现在的关键问题是如何制造这根10万千米的缆索。从理论上计算，制作这根缆索的材料强度必须达到钢铁的180倍之上，目前的技术尚无法实现。随着纳米技术的发展，科学家不断开发出质量轻、强度高的碳纳米管纤维材料，现有的此类纤维材料强度已经达到了所需强度的近1/4。另据报道，最近美国哥伦比亚大学两名华裔科学家李成古和魏小丁（音译）首次研究证实，石墨烯是目前世界上已知的强度最高的材料，它比钻石还坚硬，强度比世界上最好的钢铁还要高100倍。石墨是由无数只有碳原子厚度的"石墨烯"薄片压叠形成，"石墨烯"是一种从石墨材料中剥离出的单层碳原子面材料，是碳的二维结构。如果能找到将石墨转变成大片高质量石墨烯薄膜的方法，则太空电梯缆索的研制有望获得突破。

登月对宇航员有哪些要求

中国科学家正筹划在 2020～2025 年使"嫦娥工程"的登月神话成真，那么相比遨游太空，登月的宇航员将有哪些更多的要求呢？其实登月的宇航员的基本要求和现在宇航员是一致的，因为在太空和在月球都是处于失重状态，所以对于宇航员的基本素质和训练项目不会有太大出入。现在中国训练的宇航员完全能够胜任登月的要求，只不过登陆月球的宇航员要加上对月球环境的适应训练和对月球基本知识的掌握。不过，从地球和月球间来回一趟就得要两个星期，加上在月球上时间就更长了，届时在选拔航天员时要求其有较好的心理素质就显得尤为重要。

知识点

太空电梯建造历程

1970 年，美国物理学家皮尔森最先提出建造"太空电梯"的设想。

2000 年，美国航空航天局曾对"太空电梯"作出乐观评估，声称"在未来 50 年左右，我们就可能开始建造，需要的只是一些研究和一点运气"。

2002 年底，美国媒体对西雅图一家电梯公司进行了报道，这家公司正进行"太空电梯"项目。他们甚至"初步考虑'太空电梯'将用纳米材料制成"。据称唯一的阻力是费用太高。

2003 年 9 月 15 日，70 多位科学家和工程师在美国探讨"太空电梯"计划，提出在至少一个世纪内将"太空电梯"变成现实，使之用于发射卫星和飞船，甚至将人类直接送上太空。

飞向月球的火箭和飞船

FEIXIANG YUEQIU DE HUOJIAN HE FEICHUAN

　　人类飞向月球的梦想实现，首先依赖的就是飞向月球的工具：火箭与飞船。前者将地球对人类的引力束缚在宇宙速度下远远抛开，进入太空、奔向月球，后者搭载宇航员并给宇航员提供一个良好的科学实验和生活环境以使宇航员能够飞向月球、靠近月球、登陆月球。可以说如果没有凝聚现代科学技术结晶的火箭和飞船，人类飞向月球的梦想始终只能是一个美好的梦想。

　　从世界最早的"东方"号系列运载火箭肇始到现在正在研制的战神系列火箭，从"联盟"系列飞船到"快船"飞船。人类飞向月球的能力越来越强，各种以火箭和飞船等太空技术的应用也越来越成熟。曾几何时，登月只是一个人类遥不可及的梦，如今太空商业观光甚至绕月飞行都以付诸实施。可以预见，在不久的将来，人类凭借更先进的火箭和飞船能更便捷的登月，不但能从事各式科研与太空工业，普通人的登月旅行也将成为现实。

飞向月亮的火箭

火　箭

火箭起源于中国，是中国古代重大发明之一。古代中国火药的发明与使用，给火箭的问世创造了条件。现代火箭可用作快速远距离运送工具，如作为探空、发射人造卫星、载人飞船、空间站的运载工具，以及其他飞行器的助推器等。如用于投送作战用的战斗部（弹头），便构成火箭武器。火箭是目前（截至 2009 年）唯一能使物体达到宇宙速度，克服或摆脱地球引力，进入宇宙空间的运载工具。

火箭技术

火箭推进是一种精密的结构，它的原理主要是力学、热力学，以及其他有关科学之运用，诸如电学等。火箭跟一般的飞行器主要的不同点在于：通常的飞行器只能在大气层内飞翔，但是火箭可以在外层空间工作，因为它不需要利用外界空气便能够燃烧推进。

火箭推力的获得，乃由高速喷出物反作用而生成。其原理与花园中用橡皮管喷水时，橡皮管会向后退，以及枪向后座的原理一样。火箭的燃料经过燃烧室燃烧以后，会产生高温高压的气体，之后再经过一个喷嘴而加速，并排气到外界。这些气体便是推动火箭的原动力。

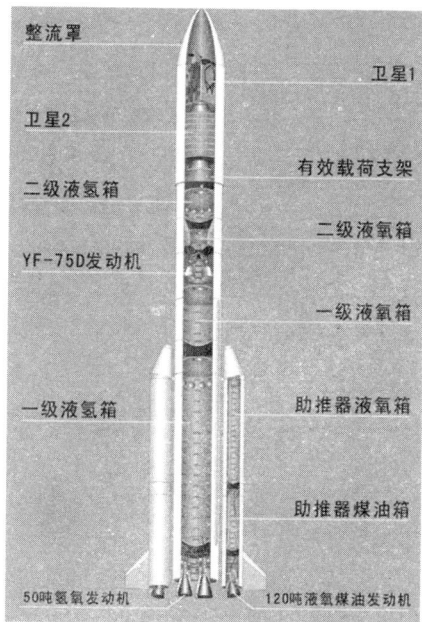

运载火箭结构图

现代火箭发动机

化学火箭发动机、固态火箭发动机、液态火箭发动机、混合式火箭发动机、电气火箭发动机、离子发动机。

未来火箭发动机

核火箭发动机、激光脉冲火箭发动机、反物质火箭发动机、星际（太空）气体冲压火箭发动机、核能火箭和激光脉冲式火箭，正在做样板实验，反物质火箭和星际气体冲压火箭更只在理论上探索。

火箭分类

火箭通常可分为固体与液体火箭，有控与无控火箭，单级与多级火箭，近程、中程与远程火箭等。火箭的种类虽然很多，但其组成部分及工作原理是基本相同的。除有效载荷外，有控火箭必不可少的组成部分有动力装置、制导系统和箭体。

火箭的构成

动力装置

是发动机及其推进剂供应系统的统称，是火箭赖以高速飞行的动力源。其中，发动机按其性质，可分为化学火箭发动机、核火箭发动机、电火箭发动机等。当前广泛使用的是化学火箭发动机，它是靠化学推进剂在燃烧室内进行化学反应释放出的能量转化为推力的。在发动机效率相同的情况下，单位时间内燃烧与喷射的物质越多，喷射速度越大，发动机推力就越大。在推力相同的情况下，结构重量越轻，单位时间内消耗推进剂越少，发动机性能就越高。推力与推进剂每秒消耗量之比称为比推力，它是鉴定发动机性能的主要指标。

制导系统

有了足够的推力，火箭便可克服地球引力而飞离地面。但对有控火箭而言，为保证在飞行过程中不致翻滚，而且准确地导向目标，还需有制导系统。该系统的功用是实时地控制火箭的飞行方向、高度、距离、速度以及飞行姿态等，亦即控制火箭的质心运动和绕质心的转动（俯仰、偏航与滚动），使火箭稳定而精确地飞抵目标。制导系统的日臻完善和精度的迅速提高，是现代火箭技术的一大特点。

箭　体

是火箭另一个不可缺少的组成部分，火箭的各个系统都安装其上，并容纳大量的推进剂。箭体结构除要求具有空气动力外形外，还要求在完成既定功能的前提下，重量越轻越好，体积越小越好。在起飞重量一定时，其结构重量轻，则可得到较大的飞行速度或距离。

除上述三大系统之外，还有电源系统，有时还根据需要在火箭上安装初始定位定向、安全控制、无线电遥测以及外弹道测量等附加系统。

运载火箭的技术指标包括运载能力、入轨精度、火箭对不同重量的有效载荷的适应能力和可靠性。

运载能力

指火箭能送入预定轨道的有效载荷重量。有效载荷的轨道种类较多，所需的能量也不同，因此在标明运载能力时要区别低轨道、太阳同步轨道、地球同步卫星过渡轨道、行星探测器轨道等几种情况。表示运载能力的另一种方法是给出火箭达到某一特征速度时的有效载荷重量。各种轨道与特征速度之间有一定的对应关系。例如把卫星送入 185 千米高度圆轨道所需要的特征速度为 7.8 千米/秒，1000 千米高度圆轨道需 8.3 千米/秒，地球同步卫星过渡轨道需 10.25 千米/秒，探测太阳系需 12～20 千米/秒。

飞行程序

运载火箭在专门的航天发射中心发射。火箭从地面起飞直到进入最终轨道要经过以下几个飞行阶段：

①大气层内飞行段：火箭从发射台垂直起飞，在离开地面以后的 10 几

秒钟内一直保持垂直飞行。在垂直飞行期间，火箭要进行自动方位瞄准，以保证火箭按规定的方位飞行。然后转入零攻角飞行段。火箭要在大气层内跨过声速，为减小空气动力和减轻结构重量，必须使火箭的攻角接近于零。

②等角速度程序飞行段：第二级火箭的飞行已经在稠密的大气层以外，整流罩在第二级火箭飞行段后期被抛掉。火箭按照最小能量的飞行程序，即以等角速度作低头飞行。达到停泊轨道高度和相应的轨道速度时，火箭即进入停泊轨道滑行。对于低轨道的航天器，火箭这时就已完成运送任务，航天器便与火箭分离。

③过渡轨道：对于高轨道或行星际任务，末级火箭在进入停泊轨道以后还要再次工作，使航天器加速到过渡轨道速度或逃逸速度，然后航天器与火箭分离。

火箭的设计特点

运载火箭的设计特点是通用性、经济性和不断进行小的改进。这和大型导弹不同。大型导弹是为满足军事需要而研制的，起支配作用的因素是保持技术性能和数量上的优势。因此导弹的更新换代较快，几乎每5年出一种新型号。运载火箭则要在商业竞争的环境中求发展。作为商品，它必须具有通用性，能适应各种卫星重量和尺寸的要求，能将有效载荷送入多种轨道。经济性也要好。也就是既要性能好，又要发射耗费少。订购运载火箭的用户通常要支付两笔费用。一笔是付给火箭制造商的发射费，另一笔是付给保险公司的保险费。发射费代表火箭的生产成本和研制费用，保险费则反映火箭的可靠性。火箭制造者一般都尽量采用成熟可靠的技术，并不断通过小风险的改进来提高火箭的性能。运载火箭不像导弹那样要定型和批生产。而是每发射一枚都可能引进一点新技术，作一点小改进，这种小改进不影响可靠性，也不必进行专门的飞行试验。这些小改进积累起来就有可能导致大的方案性变化，使运载能力能有成倍的增长。

火箭应用

20 世纪中叶以来，火箭技术得到了飞速发展和广泛应用，其中尤以各种可控火箭武器和空间运载火箭发展最为迅速。从火箭炮到反坦克、对付飞机和舰艇以及攻击固定目标的各类有控火箭武器，均已发展到相当完善的地步，反导弹、反卫星火箭武器也正在研制和完善之中。各类火箭武器正继续向高精度、反拦截、抗干扰和提高生存能力的方向发展。在地地导弹基础上发展起来的运载火箭，已广泛用于发射各种卫星、载人飞船和其他航天器。

在 80 年代初，苏、美两国已经分别研制出六七个系列的运载火箭。其中，美国载人登月的"土星 5"号火箭，直径 10 米，长 111 米，起飞重量约 2930 吨，低轨道运载能力为 127 吨，是当前世界上最大的火箭。运载火箭正朝着高可靠、低成本、多用途和多次使用的方向发展。航天飞机的问世就是这一发展趋势的一种体现。火箭技术的快速发展，不仅将提供更加完善的各类火箭武器，还将使建立空间工厂、空间基地以及星际航行等成为可能。

现代火箭鼻祖

V—2 火箭

V—2 工程开始于 1940 年。第二次世界大战期间，正是德国的 V—2 火箭曾给英国带来巨大灾难，当时又叫"飞弹"。V—2 工程起始于 A 系列火箭研究，由冯·布劳恩主持，是 1936 年后在佩内明德新建火箭研究中心的重点项目。A 系列火箭经过许多新的改进，性能大大提高。是世界上第一种实用的弹道导弹。"V"来源于德文 Vergeltung，意即报复手段，这是纳粹在遭到盟国集中轰炸后表示要进行报复的意思。V—1 和 V—2 表示这两种型号仅仅是整个系列的恐怖武器的先驱。

V—2 长 13.5 米，发射全重 13 吨，能把 1 吨重的弹头送到 322 千米以外的距离。火箭由液体火箭发动机推动，燃烧工质为液氧和甲醇。发射时火箭

冯·布劳恩

先垂直上升到 24~29 千米高，然后按照弹上陀螺仪的控制，在喷口燃气舵的作用下以 40 度的倾角弹道上升，也可由地面控制站向弹上接收机发射无线电指令控制。一分钟后，火箭已飞到 48 千米的高度，速度已达每小时 5796 千米。此时，无线电指令控制系统指令关闭发动机，火箭靠惯性继续上升到 97 千米的高度，然后以每小时大约 3542 千米的速度大致沿一抛物线自由下落，击中目标。由于当时制导系统的精度所限，误差较大。

V—2 工程的目标是扩大容积和承载重量，以容纳自控、导航系统和战斗部。1942 年 10 月 3 日，V—2 试验成功，年底定型投产。从投产到德国战败，前德国共制造了 6000 枚 V—2，其中 4300 枚用于袭击英国和荷兰。

1943 年初按盟国情报人员的情报，盟国发现这一计划，并由对佩内明德的空中侦查得到证实。1943 年 8 月 17 日夜，英国皇家空军对佩内明德进行了一次著名的大规模空袭，毁伤了 V—2 的地面设施。为预防重蹈 8 月 17 日灾难，纳粹将 V—2 工厂迁到德国山区的山洞工厂，这个过程耽误了预期的火箭攻势。

1944 年 6 月 13 日（诺曼底登陆后六天）V1 开始攻击伦敦，9 月份第一枚 V—2 落到伦敦。火箭攻击造成了严重的平民伤亡和财产损失。如果在 6 个月前对登陆部队集结地进行集中攻击而不是伦敦的话，即如艾森豪威尔将军所说，

V—2 火箭

盟国将遭到难以克服的困难。对伦敦的攻击都是在上午 7 至 9 时，中午 12 至 2 时，下午 6 至 7 时交通高峰期进行的，企图吓垮英国的民心士气。可是，对经过 1940 年空袭的英国人民，在全面胜利已如此接近时，这种新的恐怖算不了什么。在诺曼底前线的英国士兵更尽了最大努力用最快速度向威胁他们家庭的火箭发射地挺进。除了向伦敦发射外，在盟军 9 月 4 日占领安特卫普港后，纳粹向安特卫普港进行了大规模导弹攻击。

1945 年德国投降前夕，布劳恩和 400 余名火箭专家向美军投降，后到美国，成为美国火箭技术和空间技术的奠基人之一；前苏联也缴获了大量 V—2 的成品和部件，并俘虏了一些火箭专家，以此为起点，开始自己的火箭和空间计划。

V—2 是单级液体火箭，全长 14 米，重 13 吨，直径 165 米，最大射程 320 千米，射高 96 千米，弹头重 1 吨。V—2 采用较先进的程序和陀螺双重控制系统，推力方向由耐高温石墨舵片操纵执行。V—2 在工程技术上实现了宇航先驱的技术设想，对现代大型火箭的发展起了承上启下的作用。成为航天发展史上一个重要的里程碑。

前苏联的火箭

"东方"号系列火箭是世界上第一个航天运载火箭系列，包括"卫星"号、"月球"号、"东方"号、"上升"号、"闪电"号、"联盟"号、"进步"号等型号，后四种火箭又构成"联盟"号子系列火箭。

"东方"号运载火箭是对"月球"号火箭略加改进而构成的，主要是增加了一子级的推进剂质量和提高了二子级发动机的性能。这种火箭的中心是一个两级火箭，周围有四个长 19.8 米、直径 2.68 米的助推火箭。中心的两级火箭，一子级长 28.75 米，二子级长 2.98 米，呈圆筒形状。发射时，

"东方"号系列火箭

中心火箭发动机和四个助推火箭发动机同时点火。大约两分钟后，助推火箭分离脱落，主火箭继续工作两分钟后，也熄火脱落。接着末级火箭点火工作，直到把有效载荷送入绕地球的轨道。"东方"号火箭因发射"东方"号宇宙飞船而得名，1961年4月12日把世界上第一位宇航员加加林送上地球轨道飞行并安全返回地面。

"联盟"号火箭

"联盟"号火箭是"联盟"号子系列中的两级型火箭，系通过挖掘"东方"号火箭一子级的潜力和采用新的更大推力的二子级研制而成。因发射联盟系列载人飞船而得名。最长49.52米，起飞重量310吨，近地轨道的运载能力约为7.2吨。

"能源"号运载火箭是前苏联的一种重型的通用运载火箭，也是目前世界上起飞质量与推力最大的火箭。

"能源"号运载火箭的主要任务有：发射多次使用的轨道飞行器；向近地空间发射大型飞行器、大型空间站的基本舱或其他舱段、大型太阳能装置；向近地轨道或地球同步轨道发射重型军用、民用卫星；向月球、火星或深层空间发射大型有效载荷。

"能源"号运载火箭

"能源"号运载火箭长约60米，总重2400吨，起飞推力3500吨，能把100吨有效载荷送上近地轨道。火箭分助推级和芯级两级，助推级由四台液体助推器构成，每个助推器长32米，直径4米；芯级长60米，直径8米，由四台液体火箭发动机组成。发射时，助推级和芯级同时点火，助推级四台助推火箭工作完毕后，芯级将有效载荷加速到亚轨道速度，在预定的轨道高度与有效载荷分离。尔后有效载荷靠自身发动机动力进入轨道。

"能源"号运载火箭成为前苏联运载火箭发展的一个新的里程碑。

"质子"号系列运载火箭是前苏联第一种非导弹衍生的、专为航天任务设计的大型运载器。在"能源"号重型火箭投入使用以前，该型号是前苏联运载能力最大的运载火箭。"质子"号系列共有三种型号：二级型、三级型和四级型。

二级型"质子"号共发射了三颗"质子"号卫星，此后便停止使用。火箭全长41

"质子"号系列运载火箭

米，最大直径7.4米。

三级型"质子"号主要用于"礼炮"号、"和平"号等空间站的发射。火箭全长57米，最大直径7.4米。

四级型"质子"号主要用于发射各类大型星际探测器和地球同步轨道卫星。火箭全长57.2米，最大直径7.4米。

"天顶"号是前苏联的一种中型运载火箭，主要是用来发射轨道高度在1500千米以下的军用和民用卫星、经过改进的"联盟"号TM型载人飞船和"进步"号改进型货运飞船。"天顶"号2型是两级运载火箭，其一子级还被用作"能源"号火箭助推级的助推器。"天顶"号3型是三级运载火箭，它在二型的基础上，增加了一个远地点级，用于将有效载荷送入地球同步轨道、其他高轨道或星际飞行轨道。2型与3

"天顶"号运载火箭

型用的一子级和二子极是相同的。

"天顶"号是前苏联继"旋风"号后第二个利用全自动发射系统实施发射的运载火箭。在发射厂，火箭呈水平状态进行总装、测试、转运至发射台。所有发射操作，包括火箭离开总装测试厂房，由铁路转运至发射台、起竖、连接电路、气动与液压系统、测试、加注推进剂、点火等都是按照事先确定的程序自动进行的。

"天顶"号 2 型最大长度 57 米，最大直径 3.9 米。

"天顶"号 3 型最大长度 61.4 米，最大直径 3.9 米。

美国火箭

"宇宙神"运载火箭

"宇宙神"运载火箭

"宇宙神"系列火箭，由美国通用动力公司制造，已连续生产 30 多年。火箭长 25.1 米，直径 3 米，起飞重量 120 吨。目前经常使用的是"宇宙神—阿金纳 D"号和"宇宙神—半人马座"号两种型号。前者重 129 吨，能把 2 吨重的有效载荷送入 500 千米高的地球轨道；后者重 139 吨，近地轨道的最大运载能力为 4 吨。它们除作为"月球"号和"火星"号星际探测器的运载工具外，曾用来发射过通信卫星和"水星"号载人飞船。自 1959 年以来，已发射 500 多次，是使用最广泛的一种运载工具。

"德尔塔"系列运载火箭

"德尔塔"系列火箭由美国科麦道公司研制生产，至今已发射 180 多次。"德尔塔"号三级火箭有两种型号，总长 38.4 米，起飞重量分别为 220 吨和 230 吨。一种的同步转移轨道运载能力为 1.4 吨，另一种的同步转移轨道运载能力为 1.8 吨。"德尔塔"火箭于 1960 年 5 月首次发射，它先后发射过先驱者号探测器，"泰罗斯"气象卫星，"云雨"号卫星，"辛康"号卫星，国际通信卫星 2，3 号等。

"大力神"系列运载火箭

"大力神"系列火箭由马丁·玛丽埃特公司研制生产，共有 6 种型号。"大力神 3"火箭长 45.75 米，直径 3 米，发射重量 680 吨。各型大力神火箭的有效载荷分别是：3A 为 3.6 吨，3B 为 4.5 吨，3C、3D、3D 和 3E 均为 15 吨。最大的"大力神 34D"长达 62 米，最大直径 5 米，发射地球同步转移轨道卫星的运载能力达 4.5 吨。"大力神"系列火箭至今已有 150 多次发射纪录。它主要发射各种军用卫星，也发射了"太阳神"号，"海盗"号，"旅行者"号等行星和行星际探测器。

"大力神"系列运载火箭

"土星"号登月火箭

1961 年 4 月 20 日，美国总统提出研制登月火箭的设想，并询问 60 年代能否把人送上月球。当时布劳恩斩钉截铁地回答："行！"于是，在布劳恩的主持下，开始实施土星巨型登月火箭研制计划。1964 年至 1967 年，相继研制成功"土星 1"，"土星 1B"，"土星 5"等几种型号。1964 年首先研制成功"土星 1"号两级火箭。火箭长 38.1 米，直径 5.58 米，发射重量 502 吨，近地轨道的有效载荷为 10.2 吨。它曾用来试验发射阿波罗飞船模型。

1966 年研制成功它的改进型"土星 1B"号两级火箭。火箭长 68.3 米，直径 6.6 米，发射重量 590 吨，最大有效载荷 18.1 吨。从 1966 年到 1975 年共发射 9 次，除作运载"阿波罗"飞船试验外，还 3 次将宇航员送上"天空

"土星5"号火箭

实验室"空间站和1次发射"阿波罗"载人飞船与前苏联的"联盟"号飞船对接联合飞行。

1967年世界上最大的一种运载火箭"土星5"号问世。它是三级火箭，长85.6米，直径10.1米，起飞重量2950吨，近地轨道的有效载荷达139吨，飞往月球轨道的有效载荷为47吨。从1967年到1973年共发射13次，其中6次将"阿波罗"载人飞船送上月球，在航天史上写下了最为光辉的一页。

中国火箭

"长征2"号F运载火箭

"长征2"号F火箭是在"长征2"号E火箭的基础上，按照发射载人飞船的要求，以提高可靠性、确保安全性为目标研制的运载火箭。CZ—2F是我国第1种为载人航天研制的高可靠性、安全性运载火箭，是载人航天工程的重要组成部分之一。它在CZ—2E基础上增加了2个新系统，即逃逸系统和故障检测处理系统。火箭全长58.343米，起飞质量479.8吨，芯级直径3.35米，助推器直径2.25米，整流罩最大直径3.8米。火箭的芯级和助推器发动机均使用四氧化二氮和偏二甲肼作为推进剂。它可把8吨重的有效载荷送入近地点高度200千米、远地点高度350

"长征2"号运载火箭

千米、倾角 42.4 度 ~42.7 度的轨道。火箭由四个液体助推器、芯一级火箭、芯二级火箭、整流罩和逃逸塔组成，是目前我国所有运载火箭中起飞质量最大、长度最长的火箭。运载火箭有箭体结构、控制系统、动力装置、故障检测处理系统、逃逸系统、遥测系统、外测安全系统、推进剂利用系统、附加系统、地面设备等十个分系统，为兼顾卫星的发射，保留了有效载荷调姿定向系统的接口和安装位置。故障检测处理系统和逃逸系统是为确保航天员的安全而增加的，其作用是在飞船入轨前，监测运载火箭状态，若发生重大故障，使载有航天员的飞船安全地脱离危险区。"长征 2"号 F 运载火箭先后成功发射了"神舟 1"号至"神舟 7"号飞船，为我国成功实现载人航天飞行做出了历史性贡献，至今发射成功率为 100%。

"长征 3"号甲运载火箭

"长征 3"号甲运载火箭是目前"长征 3"号系列火箭的基础型号。"长征 3"号甲火箭是三级火箭，它继承了"长征 3"号火箭的成熟技术，采用了新设计的液氢液氧三子级。火箭全长52.52 米，最大直径 3.35 米，起飞质量240 吨，主要发射地球同步转移轨道的有效载荷，也可以发射低轨道、极轨道或逃逸轨道的有效载荷，首次将有效载荷送入地球同步转移轨道。其地球同步转移轨道的运载能力为 2.6 吨。自 1994年 2 月 8 日首次发射成功以来，至今发射成功率为 100%。2007 年 6 月被中国航天科技集团公司授予"金牌火箭"称号。

"长征 3"号甲运载火箭

"长征 3"号乙运载火箭

"长征 3"号乙火箭是在"长征 3"号甲和"长征 2"号 E 火箭的基础上

研制的三级大型液体捆绑式运载火箭，其芯级与"长征3"号甲火箭基本相同，一子级壳体捆绑4个标准液体助推器。火箭全长54.84米，起飞质量426吨，主要发射地球同步转移轨道的重型卫星，亦可进行轻型卫星的一箭多星发射或发射其他轨道的卫星。其地球同步转移轨道的运载能力为5.1吨。

"长征4"号乙运载火箭

"长征4"号乙火箭是在"长征4"号甲火箭基础上发展的一种运载能力更大的运载火箭，主要用于发射太阳同步轨道卫星。火箭全长45.58米，最大直径3.35米，起飞质量249吨，起飞推力约300吨，900千米高度极轨的运载能力为1.45吨。1999年5月首次发射，至今发射成功率为100%。

"长征4"号丙运载火箭

"长征4"号丙火箭是在"长征4"号乙火箭的基础上，三级发动机采用二次启动技术，大幅提高了有效载荷的运

"长征4"号乙运载火箭

载能力。"长征4"号丙（CZ—4C）运载火箭是由中国航天科技集团公司第八研究院抓总研制的常温液体推进剂三级运载火箭，是在原"长征4"号乙（CZ—4B）运载火箭的基础上经大量技术状态改进设计而成，以全面提高火箭的任务适应性和测试发射可靠性为目标进行研制。CZ—4C火箭可以满足多种卫星在发射轨道、重量和包络空间等方面更高的要求，同时采取新的测发控模式，可以显著提高火箭测试和发射的可靠性，缩短发射场工作周期。首发改进型运载火箭于2006年4月27日在太原卫星发射中心成功发射，将我国首颗遥感卫星准确送入预定轨道，并实现了首发火箭发射场测试零故障，至今发射成功率为100%。

欧盟的火箭

"阿丽亚娜"火箭（Ariane，也译为阿里安），是1973年7月由法国提议并联合西欧11个国家成立的欧洲空间局着手实施、研制的火箭计划。至今已研制成功5种型号。分别是"阿丽亚娜–1"、"阿丽亚娜–2"、"阿丽亚娜–3"、"阿丽亚娜–4"和"阿丽亚娜–5"。

"阿丽亚娜"系列火箭的成功，是欧洲联合自强的一个象征，它在国际航天市场的角逐中占有重要地位，世界商业卫星的发射业务大约有50%由"阿丽亚娜"火箭承担。

"阿丽亚娜–1"火箭是欧洲空间局在"欧洲"号火箭和法国"钻石"号火箭基础上研制的三级液体火箭，自首次发射至1986年2月22日止，共飞行11次。"阿丽亚娜–1"火箭从法属圭亚那库鲁发射场发射，能将1.85吨的有效载荷送入地球同步转移轨道，或将2.5吨有效载荷送入轨道高度为790千米、倾角98.7度的太阳同步圆轨道。火箭长47.7米，直径3.8米，发射重量200吨。

"阿丽亚娜–4"是在"阿丽亚娜–3"的基础上研制成功的。主要目的在于提高运载能力；保持双星和多星发射能力；具有适应多种发射任务的形式；降低了发射成本。"阿丽亚娜–4"有六种型号，分别为AR40型，同步转移轨道运载能力为1.9吨；AR42P型，带有两个固体捆绑式助推火箭，有效载荷增加到2.6吨；AR44P型，带有四个固体捆绑式助推火箭，有效载荷为3吨；AR42L型，采用两个液体火箭助推火箭，有效载荷为3.2吨；AR44L型，采用四个液体助推火箭，同步转移轨道运载能力达4.2吨；AR44LP型，采用两个液体助

"阿丽亚娜"火箭

推火箭和两个固体捆绑式助推火箭，同步转移轨道运载能力为 3.7 吨。火箭长 57～59.8 米，直径约 9 米。

"阿丽亚娜－5"是根据商业发射市场和近地轨道开发利用的需要研制的，主要用于向地球同步轨道和太阳同步轨道发射各种卫星，向近地轨道发射哥伦布无人驾驶的自由飞行平台和"使神"号空间飞机。火箭长 52.76～54 米，最大直径 12.2 米。

库鲁发射场

法国巴黎时间 2011 年 4 月 22 日 23 时 37 分（北京时间 23 日 5 时 37 分），欧洲"阿丽亚娜－5"型火箭携带两颗通信卫星，从法属圭亚那库鲁航天发射中心发射升空。根据欧洲阿丽亚娜空间公司的电视直播，这枚火箭搭载的是阿联酋 Al Yah 卫星通信公司的 YahsatY1A 型通信卫星和国际通信卫星组织的新拂晓卫星。在升空约半小时后，两颗卫星将先后脱离火箭进入临时轨道。按计划，它们将最终进入地球同步轨道。

→ 知识点

韦纳·冯·布劳恩

韦纳·冯·布劳恩。1912 年出生于德国。第二次世界大战期间，他就是德国著名的火箭专家，对 V—1 和 V—2 飞弹的诞生起了关键性作用。大战结束之际，布劳恩及其科研班子投降美国，1955 年他取得了美国国籍。布劳恩继续在美国从事火箭、导弹和航天研究，曾获得一系列勋章、奖章和荣誉头衔。1969 年，他领导研制的"土星"号巨型火箭，将第一艘载人飞船"阿波罗 11"号送上了月球。1981 年 4 月首次试飞成功的航天飞机，当初也是在布劳恩手里发端的。因此，他被称誉为"现代航天之父"。1977 年 6 月，布劳恩病逝于华盛顿亚历山大医院。

远去的航天飞机

美国的航天飞机

2011 年 7 月 8 日上午美国"亚特兰蒂斯"号航天飞机从佛罗里达肯尼迪航天中心成功发射升空。这将是美国 30 年历史的航天飞机项目中的第 135 次升空，也是美国所有航天飞机的最后一次飞行。

1969 年 4 月，美国宇航局提出建造一种可重复使用的航天运载工具的计划。1972 年 1 月，美国正式把研制航天飞机空间运输系统列入计划，确定了航天飞机的设计方案，即由可回收重复使用的固体火箭助推器，不回收的两个外挂燃料贮箱和可多次使用的轨道器三个部分组成。经过 5 年时间，1977 年 2 月研制出一架创业号航天飞机轨道器，由波音 747 飞机驮着进行了机载试验。1977 年 6 月 18 日，首次载人用飞机背上天空试飞，参加试飞的是宇航员海斯（C·F·Haise）和富勒顿（G·Fullerton）两人。8 月 12 日，载人在飞机上飞行试验圆满完成。又经过 4 年，第一架载人航天飞机终于出现在太空舞台，这是航天技术发展史上的又一个里程碑。

航天飞机是一种为穿越大气层和太空的界线（高度 100 千米的关门线）而设计的火箭动力飞机。它是一种有翼、可重复使用的航天器，由辅助的运载火箭发射脱离大气层，作

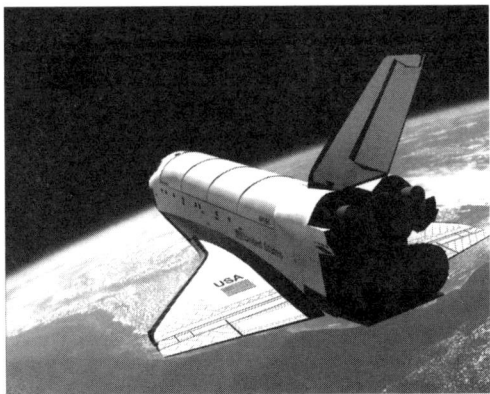

航天飞机

为往返于地球与外层空间的交通工具，航天飞机结合了飞机与航天器的性质，像有翅膀的太空船，外形像飞机。航天飞机的翼在回到地球时提供空气刹车作用，以及在降跑道时提供升力。航天飞机升入太空时跟其他单次使用的载具一样，是用火箭动力垂直升入。因为机翼的关系，航天飞机的酬载比例较低。设计者希望以重复使用性来弥补这个缺点。

航天飞机为人类自由进出太空提供了很好的工具，它大大降低航天活动的费用，是航天史上的一个重要里程碑。

航天飞机由轨道器、固体燃料助推火箭和外储箱三大部分组成。

外部燃料箱

外表为铁锈颜色，主要由前部液氧箱、后部液氢箱以及连接前后两箱的箱间段组成。外部燃料箱负责为航天飞机的 3 台主发动机提供燃料。外部燃料箱是航天飞机三大模块中唯一不能重复使用的部分，发射后约 8.5 分钟，燃料耗尽，外部燃料箱便被坠入到大洋中。

一对固体火箭助推器

这对火箭助推器中装有助推燃料，平行安装在外部燃料箱的两侧，为航天飞机垂直起飞和飞出大气层进入轨道，提供额外推力。在发射后的头两分钟内，与航天飞机的主发动机一同工作，到达一定高度后，与航天飞机分离，前锥段里降落伞系统启动，使其降落在大西洋上，可回收重复使用。

轨道器

即航天飞机本身，它是整个系统的核心部分。轨道器是整个系统中唯一可以载人的、真正在地球轨道上飞行的部件，它很像一架大型的三角翼飞机。它的全长 37.24 米，起落架放下时高 17.27 米；三角形后掠机翼的最大翼展 23.97 米；不带有效载荷时质量 68 吨，飞行结束后，携带有效载荷着陆的轨道器质量可达 87 吨。它所经历的飞行过程及其环境比现代飞机要恶劣得多，它既要有适于在大气层中作高超音速、超音速、亚音速和水平着陆的气动外形，又要有承受再入大气层时高温气动加热的防热系统。

因此，它是整个航天飞机系统中，设计最困难，结构最复杂，遇到的问题最多的部分。

轨道器由前、中、尾三段机身组成。前段结构可分为头锥和乘员舱两部分，头锥处于航天飞机的最前端，具有良好的气动外形和防热系统，前段的核心部分是处于正常气压下的乘员舱。这个乘员舱又可分为三层：最上层是驾驶台，有4个座位，中层是生活舱，下层是仪器设备舱。乘员舱为航天员提供宽敞的空间，航天员在舱内可穿普通地面服装工作和生活。一般情况下舱内可容纳4~7人，紧急情况下也可容纳10人。

航天飞机的中段主要是有效载荷舱。这是一个长18米，直径4.5米，容积300立方米的大型货舱，一次可携带质量达29吨多的有效载荷，舱内可以装载各种卫星、空间实验室、大型天文望远镜和各种深空探测器等。为了在轨道上施放所携带的有效载荷或回收轨道上运行的有效载荷，舱内设有一或两个自动操作的遥控机械手和电视装置。机械手是一根很细的长杆，在地面上它几乎不能承受自身的重量，但是在失重条件下的宇宙空间，却可以迅速而灵活地载卸10吨多的有效载荷。航天飞机中段机身除了提供货舱结构之外，也是前、后段机身的承载结构。

航天飞机的后段比较复杂，主要装有三台主发动机，尾段还装有两台轨道机动发动机和反作用控制系统。在主发动机熄火后，轨道机动发动机为航天飞机提供进入轨道、进行变轨机动和对接机动飞行以及返回时脱离轨道所需要的推力。反作用控制系统用来保持航天飞机的飞行稳定和姿态变换。除了动力装置系统之外，尾段还有升降副翼、襟翼、垂直尾翼、方向舵和减速板等气动控制部件。1981年4月12日，在卡纳维拉尔角肯尼迪航天中心聚集着上百万人，参观第一架航天飞机哥伦比亚号航天飞机发射。宇航员翰·杨（John W. Young）和克里平（Robert L. Crippen）揭开了航天

"哥伦比亚"号航天飞机

黑人宇航员布鲁福德

史上新的一页。

这架航天飞机总长约 56 米，翼展约 24 米，起飞重量约 2040 吨，起飞总推力达 2800 吨，最大有效载荷 29.5 吨。它的核心部分轨道器长 37.2 米，大体上与一架 DC—9 客机的大小相仿。每次飞行最多可载 8 名宇航员，飞行时间 7 至 30 天，轨道器可重复使用 100 次。航天飞机集火箭，卫星和飞机的技术特点于一身，能像火箭那样垂直发射进入空间轨道，又能像卫星那样在太空轨道飞行，还能像飞机那样再入大气层滑翔着陆，是一种新型的多功能航天飞行器。

美国航天飞机创造了许多航天新纪录。航天飞机首航指令长约翰·杨 6 次飞上太空，是当时世界上参加航天次数最多的宇航员。1983 年 6 月 18 日女宇航员莎丽·赖德（Sally K. Ride）乘"挑战者"号上天飞行，名列美国妇女航天的榜首。1983 年 8 月 30 日，"挑战者"号把美国第一个黑人宇航员布鲁福德（Guion S. Bluford）送上太空飞行。1984 年 2 月 3 日乘"挑战者"号上天的麦坎德利斯（B. McCandless），成为世界上第一位不系安全带到太空行走的宇航员。1984 年 4 月 6 日"挑战者"号上天后，宇航员首次抓获和修理轨道上的卫星成功。1984 年 10 月 5 日参加"挑战者"号飞行的莎丽文（Kathryn D. Sullivan）成为美国第一位到太空行走的女宇航员。1985 年 1 月 24 日发现号升空，首次执行秘密的军事任务。1985 年 4 月 29 日，第一位华裔宇航

"亚特兰蒂斯"号航天飞机

员王赣骏（Tayler Wang）乘"挑战者"号上天参加科学实验活动。1985 年 11 月 26 日，"亚特兰蒂斯"号载宇航员上天第一次进行搭载空间站试验。1992 年 5 月 7 日"奋进"号首次飞行，宇航员在太空第一次用手工操作抢救回收卫星成功。7 月 31 日"亚特兰蒂斯"号上天，首次进行绳系卫星发电试验。9 月 12 日"奋进"号将第一位黑人女宇航员，第一位日本记者和第一对宇航员夫妇载入太空飞行。

2011 年 7 月 21 日美国"亚特兰蒂斯"号航天飞机于美国东部时间 21 日晨 5 时 57 分（北京时间 21 日 17 时 57 分）在佛罗里达州肯尼迪航天中心安全着陆，结束其"谢幕之旅"，这寓意着美国 30 年航天飞机时代宣告终结。

夭折的苏、俄航天飞机

1988 年 11 月 16 日莫斯科时间清晨 6 时整，前苏联的"暴风雪"号航天飞机从拜科努尔航天中心首次发射升空，47 分钟后进入距地面 250 千米的圆形轨道。它绕地球飞行两圈，在太空遨游 3 小时后，按预定计划于 9 时 25 分安全返航，准确降落在离发射地点 12 千米外的混凝土跑道上，完成了一次无人驾驶的试验飞行。

"暴风雪"号航天飞机大小与普通大型客机相差无几，外形同美国航天飞机极其相仿，机翼呈三角形。机长 36 米，高 16 米，翼展 24 米，机身直径 5.6 米，起飞重量 105 吨，返回后着陆重量为 82 吨。它有一个长 18.3 米，直径 4.7 米的大型货舱，能将 30 吨货物送上近地轨道，将 20 吨货物运回地面。头部有一容积 70 立方米的乘员座舱，可乘 10 人。科学家们认为，这次完全靠地面控制

"暴风雪"号航天飞机

中心遥控机上的电脑系统，在无人驾驶的条件下自动返航并准确降落在狭长跑道上，其难度比 1981 年美国航天飞机有人驾驶试飞大得多。首先，"暴风雪"号的主发动机不是装在航天飞机尾部，而是安装在"能源"号火箭上，这样就大大减轻了航天飞机的入轨重量，同时腾出位置安装小型机动飞行发动机和减速制动伞。其次，"暴风雪"号着陆时，可用尾部的小型发动机做有动力的机动飞行，安全准确地降落在狭长跑道上，万一着陆失败，还可以将航天飞机升起来进行第二次着陆，从而提高了可靠性。而美国航天飞机靠无动力滑翔着陆只能一次成功。第三，"暴风雪"号能像普通飞机那样借助副翼，操纵舵和空气制动器来控制在大气层内滑行，还准备有减速制动伞，在降落滑跑过程中当速度减慢到 50 千米/小时自动弹出，使航天飞机在较短距离内停下来。"暴风雪"号首航成功，标志着前苏联航天活动跨入一个新的阶段，为建立更加完善的天地往返运输系统铺平了道路。原计划一年后进行载人飞行，但由于机上系统的安全可靠尚未得到充分保证，加之其后政治和经济等方面的原因，载人飞行的时间便推迟了。

欧洲国家的航天飞机计划

在其他国家也存在着航天飞机的计划，英国曾经设计一种航天飞机，其外形很独特，外形和一枚运载火箭一样大小，英国人取名为"霍托"，是无人驾驶的航天飞机，用于运输。它既能垂直发射，也能使用当时和法国联合研制的协和超音速飞机的跑道起飞。而另外法国人也构想过一种小型的航天飞机其外形和美国的航天飞机外形一样只不过外形比美国的航天飞机更小，只有一对小型引擎，由法国研制的"阿尔丽娜"型火箭发射。

知识点

"挑战者"号升空爆炸

1986 年 1 月 28 日，美国东部时间当日上午 11 时 39 分 12 秒，美国佛罗里达州卡纳维拉尔角的肯尼迪航空中心 10 英里上空，在"轰"的一声巨响之后，"挑战者"号航天飞机凌空爆炸。

美国"挑战者"号航天飞机在第 10 次发射升空后，因助推火箭发生事故凌空爆炸，舱内 7 名宇航员（包括一名女教师）全部遇难。直接造成经济损失 12 亿美元，航天飞机停飞近 3 年，成为人类航天史上最严重的一次载人航天事故，使全世界对征服太空的艰巨性有了一个明确的认识。

遇难宇航员为斯科比、史密斯、麦克奈尔、杰维斯、鬼冢（夏威夷出生，日裔）、朱迪恩·雷斯尼克（女）、麦考利芙（女教师）。

飞 船

飞船是一种运送航天员、货物到达太空并安全返回的一次性使用的航天器。它能基本保证航天员在太空短期生活并进行一定的工作。它的运行时间一般是几天到半个月，一般乘 2 到 3 名航天员。

飞船的分类

单舱型

其中单舱式最为简单，只有宇航员的座舱，美国第一个宇航员格伦就是乘单舱型的"水星"号飞船上天的；

双舱型

双舱型飞船是由座舱和提供动力、电源、氧气和水的服务舱组成，它改善了宇航员的工作和生活环境，世界第一个男女宇航员乘坐的前苏联"东方"号飞船、世界第一个出舱宇航员乘坐的前苏联"上升"号飞船以及美国的"双子星座"号飞船均属于双舱型；

三舱型

最复杂的就是三舱型飞船，它是在双舱型飞船基础上或增加 1 个轨道舱

（卫星或飞船），用于增加活动空间、进行科学实验等，或增加1个登月舱（登月式飞船），用于在月面着陆或离开月面，中国的"神舟"号飞船，前苏联/俄罗斯的联盟系列和美国"阿波罗"号飞船是典型的三舱型。联盟系列飞船至今还在使用。

"东方"号宇宙飞船

"东方"号宇宙飞船

"东方1"号宇宙飞船，所属国家为前苏联，它由乘员舱和设备舱及末级火箭组成，总重6.17吨，长7.35米。乘员舱呈球形，直径2.3米，重2.4吨，外侧覆盖有耐高温材料，能承受再入大气层时因摩擦产生的摄氏5000摄氏度左右的高温。乘员舱只能载一人，有三个舱口，一个是宇航员出入舱口，另一个是与设备舱连接的舱口，再一个是返回时乘降落伞的舱口，宇航员可通过舷窗观察或拍摄舱外情景。宇航员的座椅装有弹射装置，在发生意外事故时可紧急弹出脱险。同时在飞船下降到距离地面7000米的地方，宇航员连同座椅一起弹出舱外，并张开降落伞下降，在达到4000米高度时，宇航员与座椅分离，只身乘降落伞返回地面。设备舱为顶锥圆筒形，长2.25米，重2.27吨，在飞船返回大气层之前，与乘员分离，弃留太空成为无用之物。"东方1"号宇宙飞船打开了人类通往太空的道路。

"进步"号货运飞船

"进步"号系列货运飞船执行向空间站定期补给食品、货物、燃料和仪器设备等任务。到1993年底，已发展两代，共发射"进步"号42艘，"进步M"号20艘。它与空间站对接完成装卸任务后即自行进入大气层烧毁。这种飞船由仪器舱，燃料舱和货舱组成，货舱容积6.6立方米，可运送1.3吨货物，燃料舱带 1 吨燃料。它可自行飞行 4 天，与空间站对接飞行可达两个月。

"上升"号宇宙飞船

"上升"号宇宙飞船，所属国家为前苏联，重 5.32 吨，球形乘员舱直径与"东方"号飞船大体相同，改进之处是提高了舱体的密封性和可靠性。宇航员在座舱内可以不穿宇航服，返回时不再采用弹射方式，而是随乘员舱一起软着陆。"上升 1"号载三名宇航员，在太空飞行 24 小时 17 分钟；"上升 2"号载两名宇航员，在太空飞行 26 小时 2 分钟。

"上升"号飞船

"联盟"号宇宙飞船

"联盟"号飞船，所属国家为前苏联、俄罗斯，它由轨道舱、指令舱和设备舱三部分组成，总重量约 6.5 吨，全长约 7 米，宇航员在轨道舱中工作和生活；设备舱呈圆柱形，长 2.3 米，直径 2.3 米，重约 2.6 吨，装有遥测、通信、能源、温控等设备；指令舱呈钟形，底部直径 3 米，长约 2.3 米，重约 2.8 吨。飞船在返回大气层之前，将轨道舱和设备舱抛掉，指令舱装载着宇航员返回

运输中的"联盟"号宇宙飞船

地面。从联盟 10 号飞船开始，前苏联的宇宙飞船转到与空间站对接载人飞行，把载人航天活动推向了更高的阶段。

除前苏联和俄罗斯的三种飞船外，美国曾研制和发射过三个型号的飞船，分别是"水星"号，"双子星座"号和大名鼎鼎的"阿波罗"号。其中

"水星"号飞船是美国的第一种载人宇宙飞船，"阿波罗"是登月飞船。另外中国研制并发射的"神舟"系列飞船，已成为世界上第七种载人宇宙飞船。

"水星"号载人飞船

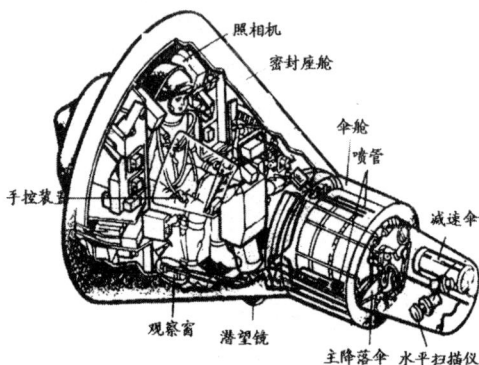

"水星"号飞船结构图

"水星"飞船是美国的第一代载人飞船，总共进行了 25 次飞行试验，其中 6 次是载人飞行试验。"水星"飞船计划始于 1958 年 10 月，结束于 1963 年 5 月，历时 4 年 8 个月。"水星"计划共耗资 3.926 亿美元，其中飞船为 1.353 亿美元，占总费用的 34.5%；运载火箭为 0.829 亿美元，占总费用的 21.1%；地面跟踪网为 0.719% 亿美元，占 18.34%；运行和回收操作费用为 0.493 亿美元，占 12.6%；其他设施为 0.532 亿美元，占 13.46%。

"水星"计划的主要目的是实现载人空间飞行的突破，把载一名航天员的飞船送入地球轨道，飞行几圈后安全返回地面，并考察失重环境对人体的影响、人在失重环境中的工作能力。重点是解决飞船的再入气动力学、热动力学和人为差错对以往从未遇到过的高加速度和零重力的影响等问题。

"水星"飞船总长约 2.9 米，底部最大直径 1.86 米，重约 1.3～1.8 吨，由圆台形座舱和圆柱形伞舱组成。座舱内只能坐一名航天员，设计最长飞行时间为 2 天，飞行时间最长的一次为 34 小时 20 分，绕地 22 周（1963 年 5 月 15 日～16 日"水星－9"飞船飞行）。"水星"计划的 6 次载人飞行共历时 54 小时 25 分钟。

"水星"飞船的姿态控制系统以自控为主，另有两种手控方式作为备份。航天员仅在必要时使用手控装置控制飞船的飞行姿态，在飞船操纵方面仅起到辅助作用，基本上是一名供地面研究人员了解人对空间飞行环境适应能力的受试验者。但在飞行中也表现出了人的主观能动性。

"神舟"号飞船

"神舟1"号飞船是中华人民共和国载人航天计划中发射的第一艘无人实验飞船，飞船于1999年11月20日凌晨6点在酒泉航天发射场发射升空，承担发射任务的是在"长征2"号捆绑式火箭的基础上改进研制的"长征2"号F载人航天火箭。在发射点火十分钟后，船箭分离，并准确进入预定轨道。

飞船入轨后，地面的各测控中心和分布在太平洋、印度洋上的测量船对飞船进行了跟踪测控，同地，还对飞船内的生命保障系统、姿态控制系统等进行了测试。

北京时间11月21日凌晨3时，地面指挥中心向飞船发出返回指令，"神舟1"号飞船于北京时间1999年11月21日15点41分顺利降落在内蒙古中部地区的着陆场。飞船在太空中共飞行了21个小时。

"神舟2"号飞船是中国发射的第二艘实验飞船，它也是中国第一艘正样无人航天飞船，飞船的技术状态与载人飞船基本一致，由推进舱、返回舱、轨道舱三部分组成。

"神舟2"号飞船于北京时间2001年1月10日1时零分在酒泉航天发射中心发射升空，顺利进入预定轨道。

"神舟2"号飞船飞行期间，各种试验仪器设备性能稳定，工作正常，采集了大量宝贵的飞行试验数据。此时飞行，还首次在飞船上进行了微重力环境下的空间生命科学、空间材料、空间天文和物理等多领域的科学实验。

1月16日19时22分，"神舟2"号飞船在内蒙古中部的主着陆场成功着陆。飞船在太空中运行了近7天，绕地球飞行了108圈。

"神舟"号飞船

　　"神舟3"号是中国发射的第三艘无人实验飞船,这也是一艘正样无人飞船,飞船上除了没搭载航天员之外,其技术状态与载人状态完全一致。飞船由推进舱、返回舱和轨道舱组成。飞船是在北京时间 2002 年 3 月 25 日 22 时 15 分,在酒泉卫星发射中心成功发射升空的。飞船上搭载了一个模拟宇航员,该装置可以模拟人体代谢、模拟人生理信号、能够定量模拟航天员在太空中的重要生理活动参数。此外,"神舟3"号上还搭载有多个实验装置以及植物的种子等。

　　2002 年 4 月 1 日,"神舟3"号飞船在太空绕地球飞行 108 圈后,准确降落在内蒙古中部的着陆场。

　　"神舟4"号载人飞船是中国神舟号飞船系列之一,是中国第三艘正样无人飞船,除了没有搭载人以外,其技术状态与载人飞船完全一样。飞船由推进舱、返回舱、轨道舱和附加段组成。总长约 7.4 米,最大直径 2.8 米,总质量 7794 千克。

　　"神舟4"号飞船于 2002 年 12 月 30 日凌晨在酒泉航天发射场发射升空,飞船按照预定计划在太空飞行了 6 天零 18 小时,飞船在环绕地球飞行了 108 圈后,于北京时间 2003 年 1 月 5 日 19 时 16 分,准确降落在内蒙古中部地区的着陆场。

　　"神舟4"号飞船是在前三艘飞船的基础上,进一步改进和完善,并完全按照载人航天的安求进行设计制造,飞船的返回舱内增加了两个座椅,坐着两个模拟航天员,宇航员工作、生活、医护所需物品,包括睡袋、压力服、太空食品,以及着陆后遇到意外情况所需的各种救生物品一应俱全。

　　此外,"神舟4"号飞船在太空中进行发实施了展开太阳能帆板、调姿等一系动作,还成成功地实施了变轨。同时,生命保障分系统、飞船环境控制分系统、载人航天应用分系统、航天员分系统都全面进行了试验。此外,"神舟4"号飞船还有多项实验项目,共有 8 项科学研究在飞船上展开,有 55 件配载物。

　　"神舟5"号载人飞船,是中国"神舟"号飞船系列之一,为中国首次发射的载人航天飞行器,将航天员杨利伟送入太空。这次的成功发射标志着中国成为继俄罗斯以及美国之后,第三个有能力独自将人送上太空的国家。

"神舟6"号载人飞船，是中国神舟号飞船系列之一。"神舟6"号与"神舟5"号在外形上没有差别，仍为推进舱、返回舱、轨道舱的三舱结构，重量基本保持在8吨左右，用"长征2"号F型运载火箭进行发射。它是中国第二艘搭载太空人的飞船，也是中国第一艘执行"多人多天"任务的载人飞船。

"神舟7"号载人飞船于2008年9月25日21点10分04秒988毫秒从中国酒泉卫星发射中心载人航天发射场用"长征2"号F火箭发射升空。"神舟7"号载人飞船是中国"神舟"号飞船系列之一，用"长征2"号F火箭发射升空。是中国第三个载人航天飞船。突破和掌握出舱活动相关技术。"神舟7"号载人飞船科研单位是中国航天科技集团公司所属中国空间技术研究院和上海航天技术研究院。"长征2"号F型运载火箭科研单位是中国航天科技集团公司所属中国运载火箭技术研究院。

"神舟7"号飞船由轨道舱、返回舱和推进舱构成，"神舟7"号飞船全长9.19米，由轨道舱、返回舱和推进舱构成。"神7"载人飞船重达12吨。"长征2F"运载火箭和逃逸塔组合体整体高达58.3米。

轨道舱——作为航天员的工作和生活舱，以及用于出舱时的气闸舱。配有泄复压控制、舱外航天服支持等功能。内部有航天员生活设施。轨道舱顶部装配有一颗伴飞小卫星和5个复压气瓶。无留轨功能。

返回舱——用于航天员返回地球的舱段，与轨道舱相连。装有用以降落的降落伞和反推力火箭，施行软着陆。

推进舱——装有推进系统，以及一部分的电源、环境控制和通讯系统，装有一对太阳能电池板。

"神舟7"号轨道舱与返回舱

"阿波罗"飞船

美国的"阿波罗"计划是人类第一次登上月球的伟大工程，始于1961年

5 月，结束于 1972 年 12 月，历时 11 年 7 个月。"阿波罗"计划的目的是把人送上月球，实现人对月球的实地考察，并为载人行星探险做技术准备。

"阿波罗"号飞船由指挥舱、服务舱和登月舱三个部分组成。

"阿波罗"指挥舱

指挥舱

宇航员在飞行中生活和工作的座舱，也是全飞船的控制中心。指挥舱为圆锥形，高 3.2 米，重约 6 吨。指挥舱分前舱、宇航员舱和后舱 3 部分。前舱内放置着陆部件、回收设备和姿态控制发动机等。宇航员舱为密封舱，存有供宇航员生活 14 天的必需品和救生设备。后舱内装有 10 台姿态控制发动机，各种仪器和贮箱，还有姿态控制、制导导航系统以及船载计算机和无线电分系统等。

服务舱

前端与指挥舱对接，后端有推进系统主发动机喷管。舱体为圆筒形，高 6.7 米，直径 4 米，重约 25 吨。主发动机用于轨道转移和变轨机动。姿态控制系统由 16 台火箭发动机组成，它们还用于飞船与第三级火箭分离、登月舱与指挥舱对接和指挥舱与服务舱分离等。

"阿波罗"登月舱

登月舱

由下降级和上升级组成，地面起飞时重 14.7 吨，宽 4.3 米，最大高度约 7 米。

①下降级：由着陆发动机、4 条着陆腿和 4 个仪器舱组成。

②上升级：为登月舱主体。宇航员完成月面活动后驾驶上升级返回环月轨道与指挥舱会合。上升级由宇航员座舱、返回发动机、推进剂贮箱、仪器舱和控制系统组成。宇航员座；舱可容纳 2 名宇航员（但无座椅），有导航、控制、通信、生命保障和电源等设备。

"阿波罗 11" 号

"阿波罗 11" 号（Apollo 11）承担了美国国家航空航天局（National Aeronautics and Space Administration，NASA）的 "阿波罗" 计划（Project Apollo）中的第五次载人任务。这是人类第一次登月任务，三位执行此任务的宇航员分别为指令长阿姆斯特朗（Neil Armstrong）、指令舱驾驶员迈克尔·科林斯（Michael Collins）与登月舱驾驶员巴兹·奥尔德林（Buzz Aldrin）。1969 年 7 月 20 日，阿姆斯特朗与奥尔德林成为了首次踏上月球的人类。

"双子星座" 飞船

美国载人飞船系列。从 1965 年 3 月到 1966 年 11 月共进行 10 次载人飞行。主要目的是在轨道上进行机动飞行、交会、对接和航天员试作舱外活动等。为 "阿波罗" 号飞船载人登月飞行作技术准备（见 "阿波罗" 工程）。"双子星座" 号飞船重约 3.2～3.8 吨，最大直径 3 米，由座舱和设备舱两个舱段组成。座舱分为密封和非密封两部分。密封舱内安装显示仪表、控制设备、废物处理装置和供两

"双子星座" 飞船

名航天员乘坐的两把弹射座椅，还带有食物和水。无线电设备、生命保障系统和降落伞等安装在非密封舱内。座舱前端还有交会用的雷达和对接装置，座舱底部覆盖再入防热材料。设备舱分上舱和下舱。上舱中主要安装4台制动发动机。下舱中有轨道机动发动机及其燃料、轨道通信设备、燃料电池等。设备舱内壁还有许多流动冷却液的管子，因此设备舱又是个空间热辐射器。飞船在返回以前先抛弃设备舱下舱，然后点燃4台制动火箭，再抛掉设备舱上舱，座舱再入大气层，下降到低空时打开降落伞，航天员与座舱一起在海面上溅落。

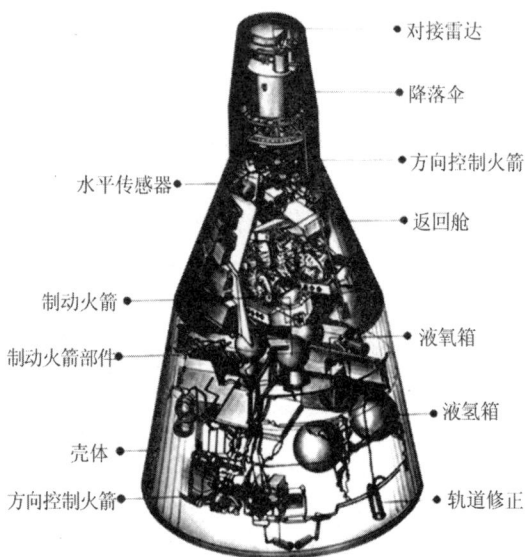

"双子星座"飞船内部结构

日本太空货运飞船

日本标准时间11日凌晨2时01分（北京时间1时01分）从种子岛宇宙中心升空的空间站转运飞行器是日本首款太空货运飞船，它将承担起为国际空间站运送实验设备、食品等补给物资的重任。

该空间站转运飞行器呈圆筒状，全长约10米，最大直径约4.4米，能装载约6吨货物，发射时的质量约16.5吨，与运载火箭分离后能自主飞行直到空间站；补给物资后，能从空间站脱离，在冲入地球大气层时燃烧殆尽。该空间站转运飞行器由加压货舱、非加压货舱、暴露集装架、电子模块和推进模块组成，还搭载有通信系统、天线和反射板等设备。加压货舱主要运载国际空间站内部用补给物资，包括实验台、饮用水和衣物等，当空间站转运飞行器处于和空间站对接状态时，

空间站转运飞行器

宇航员们能够进入加压货舱作业。暴露集装架收藏于非加压货舱内，是运送国际空间站外部实验装置和电池的货架。作为国际空间站补给物资的运输工具，除日本的空间站转运飞行器外，还有俄罗斯的"进步"飞船、欧洲的自动货运飞船（ATV）等，但是同时运载空间站内部和外部用物资，则是日本的空间站转运飞行器的特长之一。"空间站转运飞行器1"号飞行任务预定持续约36天，主要为空间站送去7个实验台、"希望"号实验舱保管室所需的1个保管台、空间站外部实验装置等共约4.5吨物资。本次飞行任务的目的是检验空间站转运飞行器脱离运载火箭后向国际空间站靠拢的交会飞行技术、飞行器的安全化技术、控制技术，验证推进系统的构成以及与空间站对接状态下宇航员可进入货舱的载人对应设计等。

欧洲"ATV"自动货运飞船

欧洲航天局制造的"ATV"自动货运飞船运货能力接近8吨，大于俄罗斯的"进步"货运飞船。"ATV"飞船除了向国际空间站运送货物外，还可用作太空拖船，在必要时帮助国际空间站提升轨道。"ATV"飞船的一大特点是具有先进的高精度导航能力，可在较少地面控制的情况下自动与国际空间站对接。

太空货运飞船的研发对于欧洲计划具有重要意义，由此欧洲将加入国际

空间站任务。如果欧洲能够一年交付6吨补给，其宇航员就可在空间站停留6个月。"ATV"的自动交会和对接技术使其有独特的方法与空间站衔接，并无需人员操控。该飞行器的能力将能够满足在月球、火星和其他太阳系目标的许多探索任务。

"ATV"自动货运飞船

未来服役的飞船

俄罗斯"快船"号

依靠乌克兰"天顶"号火箭发射"快船"号的建议，与俄罗斯将所有航天和国防项目的分承包合同从前苏联加盟共和国转移到俄罗斯的既定政策是相违背的。特别是在2004年岁末，乌克兰发生政治骚乱的动荡背景下，RKK公司的这一提议尤其令人吃惊。但赞成使用"天顶"号的支持者们，其有说服力的辩解是"快船"号可以使用现存的运载火箭，而不需要研制原先为"快船"号建议使用的"奥涅加（onega）"火箭，这样可使整个"快船"号计划在技术和经费方面更具有现实性。

这艘像熨斗形状的"快船"号重13吨，将可以做25次重复飞行。它设计的能力是可乘载2名驾驶员、4名旅客和多达700千克的货物，而同为RKK公司研制的联盟号系列飞船其乘员不能超过3人。快船号的外壳，即它的热防护系统是基于为"暴风雪"号航天飞机研制的材料。

具有20立方米容积的、可重复使用的乘员舱被设计成一

"快船"号

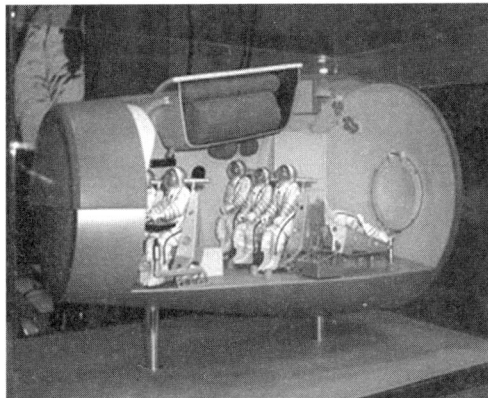

"快船"内部布局

个独立的舱段，它能够与两种可以改变气动力的壳体组装在一起：一种是航天飞机型的带翼滑翔体；另一种是所谓的升力体。后者的外形（不带翼）能够提供有效的气动升力。这种升力在飞行器再入大气层期间进行控制是必需的。

飞机型（或带翼型）"快船"号能够在偏离所设计的着陆航线时可机动达到 2000 千米；而采用升力体外形的飞船型（或叫无翼型）只能够机动 500 千米。前者可以像飞机一样在跑道上着陆，后者是用三件一套的降落伞着陆。

"快船"号能够运送乘员和货物到空间站上去或者进行 6 人、10 天的游览旅行。一个可分离的生活舱安装在主乘员座舱的后面，它是从"联盟"号系列飞船借用过来的，可满足部分乘员生活所需。生活舱装有一个对接口、一个卫生间和生命保障系统。

美国"奥赖恩"号

新设计的"奥赖恩"融入了计算机、电子、生命支持、推进系统及热防护系统等领域的诸多最新技术。它的外形为圆锥状，这种形状被认为是航天器重返地球大气层时最为安全可靠的外形设计。

除了采取新技术，"奥赖恩"还与目前国际上正在使用的几种航天器颇为相似，其中包括中国的"神舟"号飞船。第一个相似点是都采用了可

"奥赖恩"载人飞船

回收技术，"奥赖恩"使用了降落伞和气囊相结合的降落设计，使载人舱在落地后还可重复使用，另外也节省了在海上降落的昂贵搜救成本。目前，俄罗斯的"联盟"号飞船和中国的"神舟"飞船都采用这种设计。

第二点是隔热层脱落技术。美国以前使用的"水星"号飞船、俄罗斯的"联盟"号和中国的"神舟"飞船都使用这种技术，即覆盖在飞船表面的隔热层在飞船冲出大气层后脱落，以减轻着陆重量。正因为此，"奥赖恩"号可重复使用10次。

这种飞船在2015年飞往国际空间站，2020年开始登月，2031年开始飞往火星。

···➡➡ 知识点

库鲁航天发射场

库鲁发射场位于南美洲北部法属圭亚那中部的库鲁地区，建成于1971年，是目前法国唯一的航天发射场所，也是欧空局（ESA）开展航天活动的主要场所。它占地约90600平方千米，属法国国家国家空间研究中心领导，主要负责科学卫星、应用卫星和探空火箭的发射以及与此有关的一些运载火箭的试验和发射。库鲁发射场也称圭亚那航天中心，在沿大西洋海岸的一片狭长草原上。由于发射场紧靠赤道，对发射静止卫星极为有利。库鲁发射场1966年动工兴造，1971年建成，共耗资5.2亿法郎。早期仅进行探空火箭和"钻石"号运载火箭发射。1979年12月"阿丽亚娜"运载火箭在这里首次发射成功，至今该系列发射成功率已达90%以上，独揽了全球一半以上的卫星发射市场。